U0060166

愛犬的聰明遊戲書
Smart Games, Happy Dogs

「遊戲」能夠強化愛犬的身心發展，也是飼主與愛犬互動的最好方式，《愛犬的聰明遊戲書》教你許多寓教於樂的遊戲，適合各個不同的犬種來嘗試，有些遊戲還涵蓋訓練及刺激狗兒智力的功能，在飼主與愛犬遊玩的過程中，不僅能增加生活情趣，也能讓你的愛犬建立更高的服從度！

中華傳統獸醫學會理事長
國立台灣大學獸醫專業學院教授
國立台灣大學獸醫學博士

Contents 目錄

※ 本書內容所提供的方法，為一般正常情況下適用，但並不能概括每一個特別的案例，若您參考本書，採取作者所提供的建議後，狀況並沒有改善或仍有所疑慮，建議您應到獸醫院所向專業人士諮詢。

前言

遊戲是狗狗與生俱來的本能，不管體型和年齡的差異，無論大狗、小狗、幼犬、成犬，所有狗狗都需要藉由遊戲過程強化身心發展！

無論您的愛犬是純種或雜交，小型迷你犬或大型獵犬，讀者都能在本書找到適合其條件、性向的各種活動，以寓教於樂的方式，幫狗狗量身打造超過 70 種遊戲，兼具訓練與舒展身心的功能，從最簡單的搜尋到自家庭院障礙賽，讓牠有機會又跑又跳、穿越隧道鐵環、在池塘划行。

有些遊戲適合在公園散步或消磨時間；有些可用來評估愛犬的智能發展程度；也有針對特殊犬種所設計的活動。當飼主無暇分身陪伴愛犬，也可參考本書的小遊戲，讓家中寶貝蛋享受獨處的自 High 時光。此外，有些活動適合全家總動員，大家一起陪伴狗狗，增加生活情趣！書中有些小遊戲，甚至可以融入服從訓練，提升狗狗的學習意願。

基本上，多數遊戲都是以動物貪吃的天性為出發點，儘管人類可能會覺得單純地搜尋食物有點無聊，然而這對狗狗而言可完全不是那麼回事！如果你能懷抱熱忱並佐以食物當誘因，絕對能激發狗狗的學習意願，提升訓練成效。在每次展開遊戲之前，務必要告訴愛犬遊戲名稱，久而久之牠自然能把這個字彙的發音和遊戲內容聯想在一起，一聽到你發出這個聲音，就先擺好架勢等你出招！

和愛犬一起玩遊戲應該是很快樂的，但放鬆並不代表隨便，飼主還是要擔負起照顧寵物的責任，所有遊戲都要以安全為優先考量。有些運動型犬種一旦玩起來會很瘋，如果沒有節制，一再反覆跳躍和奔跑，可能會導致肌肉拉傷，甚至造成嚴重的後遺症。此外，要是天氣太熱或過於潮濕，也不能進行那些需要耗費大量體力的遊戲，只要一不小心，狗狗玩性大發太過激動，可能一下子就脫水。書中某些遊戲是由狗狗和小朋友一起進行，他們一鬧起來，可是無法無天，因此特別要嚴加控管這兩個可能會拆掉整棟房子的恐怖組合！

在我的想像中，購買本書的讀者應該和我一樣都是愛狗人士，想要和愛犬一同享受玩遊戲的快感（不管性別雌雄，書中一律以「牠」作為狗狗的代名詞）。

為了我們家的拳師犬寶貝，我已經犧牲了一大堆網球，上面沾滿黏答答的口水，常常不知道要怎麼處理。儘管如此，這些遊戲真的很好玩！我們一家還是樂此不疲，連執筆至此的我都忍不住笑了出來，因為這些可愛的小東西就在我眼前玩成一團、高興地鬼叫！我很期待收到讀者的來信或 Email，分享你和愛犬最喜愛的遊戲，或你和牠共同發展出的創意概念。

狗狗是人類最親近的好友，就像小孩子一樣，透過學習，牠們慢慢理解遊戲和生活中的嚴肅面大不相同。我試圖挑戰自己的極限，設計了一連串很棒的新遊戲，衷心地希望您和愛犬也能樂在其中！

獎勵和訓練

幫愛犬烤蛋糕！

本書的所有遊戲都是以零食當作誘因，因為食物對狗狗具有無法抗拒的吸引力，不管量多量少，只要一拿出來，牠絕對毫無節制，全都祭了自己的五臟廟！

在遊戲期間，一定要隨時監控狗狗吃進多少東西，據此調整牠平常的食物攝取量。當狗狗剛開始學習新遊戲或進行各種訓練時，可以藉由食物激發動力，之後再慢慢降低食物獎勵的比例，逐漸以喀噠聲取代（請參閱 10-11 頁）。

安全的點心

人類所食用含高蛋白的加工產品，例如起司和巧克力，並不適合狗狗，可能會對牠的健康產生負面影響。盡量不要餵食愛犬高鹽、高糖、含過多人工添加物的人類食品，因為這容易導致狗狗有過動的傾向。

目前市面上的狗食通常含有人工添加物，儘管還是可以買得到狗狗專用的有機健康零食，不過最好還是利用牠平常的食物，把其中一部分當作遊戲或訓練用的獎品，飼主甚至可以自己動手幫愛犬做些健康又美味的零食，像是用豬肝製成的蛋糕（請參閱下一頁的貼心小祕訣）。一般認為用肉製的零食當作獎品最理想，然而我卻碰過某些狗狗會對紅蘿蔔和蘋果切片狂流口水；如果以健康為出發點，或許可以選擇蔬果作為吸引狗狗的誘因，但這也要參照犬種特性和個體偏好，不見得每隻狗狗都適合。

「肝蛋糕」食譜

新鮮的切片豬肝250克（1/2磅）、麵粉500克（1磅）、2顆蛋，放進食物調理機攪拌，為了讓所有材料均勻混合，可以加一點開水，不要一次放太多，每次加一湯匙就好，等食材變成一團柔軟平滑的麵糊後，再均勻地倒入烤盤，放進預熱200℃（400℉）的烤箱，溫度等級（Gas Mark）調到6，差不多10-15分鐘就大功告成了！千萬不要烤太熟，當肝蛋糕還是微濕的狀態就要從烤箱拿出來，等冷卻之後，視需要切成小片並放到冷凍庫保鮮。如果愛犬年紀稍長，不適合攝取過多蛋白質，可以稍微降低豬肝和蛋的用量，甚至完全不用，以稍微汆燙過的蔬菜取代即可。

開始進行新遊戲的期間，可以在口袋中多放些零食獎品，以備不時之需。經過幾週，狗狗應該比較理解各個遊戲的基本指令，只要牠覺得好玩，一定很快就能進入狀況！如果遊戲初期，愛犬始終摸不著頭緒，不知道如何反應，你千萬不要惱羞成怒或太過失望，多點耐心，多試幾次。飼主的情緒波動只會讓狗狗混淆，讓牠更加不知所

措。當狗狗學會一項新指令、成功做出正確的反應，務必要以正向回饋讓牠知道自己已經達成任務了，至於獎勵形式有很多種，例如喀噠聲（請參閱10-11頁）、食物、口頭讚美或愛撫等。

盡量避免在狗狗飢腸轆轆的時候跟牠玩遊戲或進行劇烈運動，這會讓牠產生挫折感甚至引發攻擊行為。此外，每當遊戲結束之後，最好準備一塊耐咬的磨牙零食，讓狗狗慢慢平靜下來。如果愛犬因為某些遊戲而產生挫敗感或有過度興奮的傾向，那就表示這些遊戲並不適合牠，可以選擇其他比較平靜、步調緩慢的遊戲取代。

以鼓勵取代處罰！

千萬不能用打罵的方式教育愛犬，這種動作只會造成彼此的不信任感，甚至引發狗狗的攻擊行為或焦慮感。人類的咆哮聲就跟狗吠一樣，一點教育的意義都沒有，牠也不會因此而乖乖就範！

響片訓練

加速推動學習進度

本書所設計的各項活動，除了食物獎勵之外，一再強調也可以利用響片（Clicker）發出的喀噠聲作為輔助性的正向回饋。然而這並不適用於自 High 遊戲那個單原，因為進行這些遊戲的時機，通常是你不在家的時候。

「響片訓練」(Clicker Training) 最早用於海豚，爾後廣泛地應用於所有動物，是目前世界公認最好的方法之一，訓練狗狗當然也可以用這種方式。其理論基礎還是以獎賞作為訓練的誘因，以「正向回饋」(Positive Reinforcement) 激發受訓者的學習意願，讓狗狗一聽到響片發出的喀噠聲，馬上聯想到香噴噴的零食。愛犬在貪吃欲望的驅使下，只要你連按兩下響片，牠就能專心投入，不但一下子就理解遊戲內容，也能拿出最佳表現，大幅提升訓練成效！

響片訓練的機制

「響片訓練」源於心理學古典制約的理論，把最後結果和之前發生的事件聯想在一起，響片發出獨特的喀噠聲深植在狗狗腦海，尤其是這個聲響和牠最愛的零食獎品有關係，整個印象難以抹滅，久而久之，就算不使用其他獎品，單純的喀噠聲也具有制約狗狗行為的效果，這個訊號逐漸演變成一種獎勵的形式，在家裡或外出散步時，都能作為狗狗的獎賞。剛開始需要搭配香噴噴的零食，然而只要試過幾次之後，不管成犬或幼犬都會被制約，把喀噠聲和食物或其他獎品聯想在一起。

響片簡介

拿出響片放在身後，對愛犬下達「坐下」的指令；當牠坐下的瞬間，按一下響片，發出喀噠聲，之後再拿出食物獎犒賞牠。

響片和遊戲

響片可以作為訓練的輔助工具，讓愛犬更快學會新遊戲的玩法。剛開始你必須以身作則，示範給狗狗看，讓牠知道你希望牠怎麼做，之後再單獨使用口語指令。

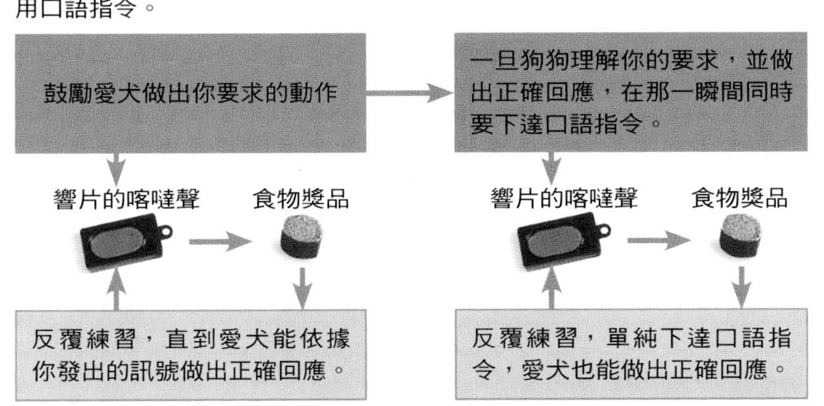

接下來慢慢走開，一旦狗狗跟上來，再次要求牠在你身邊坐下，只要牠做出正確動作，隨即按下響片。

要求狗狗完成一項任務（伸出腳掌、滾來滾去、把玩具叼來給你……不管什麼工作都可以），當牠順利達成目標的瞬間，按下響片並拿出食物犒賞牠。

下一次，再對狗狗下達相同的指示，一旦牠開始有反應，按下響片，發出第一聲喀噠聲（不需要拿出食物），等牠成功完成任務，隨即再按一次響片，發出第二聲喀噠聲（這次就需要拿出食物犒賞狗狗）。爾後再要求牠做一次同樣的動作，不過這一次只能使用響片。

開始進行遊戲的第一個禮拜，在家裡或花園可以先試試看響片的效果如何，因為狗狗對這些地方很熟悉，不需要隨時提高警覺，所以學習成效會比較好；如果外出散步，牠通常會很興奮，比較難專心。當愛犬完全被響片的喀噠聲制約之後，儘管沒有太多的口頭或食物嘉獎，牠也會乖乖遵循你的要求。最初一定要以食物當作誘因，往後就可以採用其他獎勵方式，在喀噠聲之後，親暱地拍拍牠或用口語讚美牠「好孩子！」（Good Dog）。此外，在你每天餵食愛犬之前，也可以先按下響片，強化食物和喀噠聲之間的連結效應。

口哨獎勵

令愛犬振奮的新聲音

訓練用口哨就和響片的作用一樣，進行遊戲時可以選擇性地使用這項工具。用一些有趣的方式讓狗狗認識這個小玩意兒，不但能提升牠的服從性，對指令的反應也會更迅速確實。

外出散步時，如果要召回遠方的狗狗，口哨是最有效的輔助工具，因為口哨聲的穿透力強，就算距離遠，狗狗敏銳的聽覺還是能分辨，並根據哨聲變化做出正確回應，讓飼主能遠距離掌控愛犬的一舉一動。

口哨訓練的機制

口哨的運作機制和響片雷同，都是藉由兩個事件的連結，讓狗狗瞭解哨聲的含意；然而這兩者的作用還是有些差異，在這裡哨聲並不只是單純的獎勵，而帶有發布指令的意味。簡單來說，它主要的作用是要讓狗狗心無旁鶩，專心一意達到你的要求，不管是返回你身邊或開始遊戲，一旦牠做出正確回應之後，獎勵形式視情況而定，你可以用響片聲或食物作為獎勵，或是當狗狗從遠方歸來後，體貼地摸摸牠、讚美牠。

口哨簡介

剛開始使用口哨時，最好先在家裡多試幾遍，每天不定期地用哨聲指揮狗狗，這樣牠才不會由哨聲聯想到其他事件或遊戲，和你後續的計畫混淆在一起。

你可以選擇待在和狗狗不一樣的房間，或是趁牠在花園的時候，拿出口哨用力一吹。在訓練早期，如果牠順從地來到你身邊，你還是要保持冷靜，應用所有的獎勵方式犒賞愛犬，響片聲、食物、口頭讚賞、拍拍牠、愛撫牠；爾後再交錯使用上述方式作為獎勵。

頭幾天，只要一有機會就要在家裡不斷地使用口哨，讓狗狗習慣哨聲獎勵，接下來幾天，把範圍延伸到後花園，最後再引入訓練過程中。不管是外出散步或遊戲都可以把口哨帶著，當展開遊戲之前，在短暫的搜尋遊戲期間，甚至你和愛

犬一起進行尋回球或飛盤的訓練時，可以預先用哨聲讓牠集中精神。如果你外出遛狗時，沒有幫愛犬繫上牽繩，也可以用哨聲召回樂不思蜀的家中寶貝。就算狗狗晚歸，還是要用響片聲、食物或口頭讚美獎勵牠，激發牠往後返回你身邊的動力！

訓練遊戲

音樂大風吹

誰是最棒的狗狗？

這個遊戲有點像小時候玩的大風吹，不過這是狗狗版本的另類大風吹，比比看愛犬和其他小朋友誰的動作比較快，當音樂一停，下達指令之後，誰最快坐下或趴下。這種生日派對上增加氣氛的活動，也有助於提升狗狗的服從性。

遊戲需求

- 幾位小朋友
- 幾張椅子
- 音響
- 對愛犬健康無虞的零食
- 額外需求（沒有也無妨）：訓練用口哨、響片

遊戲步驟

如果狗狗還沒學會「跟我走」的指令，可以先幫牠繫上牽繩，收緊，邀請在場某位助手用牽繩導引狗狗行進的方向。集合所有人，繞著一排椅子，圍成一圈，你要坐在音響旁邊擔任 DJ，負責播放音樂、掌控音樂開關、並下達指令。

DJ 有點像大風吹「鬼」的角色，指揮遊戲的節奏，只要開始播放音樂，所有小朋友和牽狗狗的助手都要繞著圓圈跑；一旦 DJ 切掉音樂，並喊出「坐下」的瞬間，小朋友必須馬上選一張椅子坐下，同時助手也要對狗狗下達「坐下」的指令，動作最慢的小朋友就算出局。接下來 DJ 再按下播放鍵，重複上述步驟，直到剩下一張椅子，遊戲才算告一段落。

如果狗狗一直摸不著頭緒，剛開始可以先請助手幫忙，在音樂停止的瞬間，同時對小朋友和狗狗下達指令，這樣牠比較容易進入狀況。玩狗狗大風吹時，越多狗狗參與越好；不過千萬別太激動，好勝心太強的飼主可能會凍未條，因而引起紛爭就太得不償失了！

進階玩法

一旦愛犬已經瞭解遊戲的玩法，之後再逐漸提升難度，運用不同的指令，增加遊戲的變化性，例如「趴下」（小朋友也要一起趴下）、「拜託」（小朋友也要做

出請求的動作），甚至結合不同指令，先「坐下」再「趴下」。訓練有素的狗狗，絕對能堅持到底，贏得最後勝利！為了犒賞愛犬優異的表現，每當牠順從地做出正確回應，務必要用口語或喀噠聲多多獎勵牠。

召回廣播

主人的聲音永遠排在第一順位！

當外出遛狗時，如果你有打算解開牽繩，讓狗狗自由奔馳，最好事先讓牠接受召回訓練，只要狗狗一聽到你的呼喚，馬上飛奔回你身邊。而這個小遊戲就能達到上述效果，讓愛犬一聽到自己的名字，隨即迅速地回應你的要求！

遊戲需求

- 邀請一位親友協助
- 額外需求（沒有也無妨）：訓練用口哨、響片、碼表

遊戲步驟

你站在愛犬身邊，讓牠維持坐下的姿勢，接著請助手往外走，在一定距離外就定位（剛開始約走 30-50 步）。隨後助手再根據你發出的訊號吹哨（如果他有帶口哨的話）鼓勵狗狗往他的方向移動；當牠逐漸接近助手時，你再以清晰嘹亮的聲音，呼叫愛犬的名字，召喚牠回來。一旦狗狗返回你身邊的瞬間，務必要多加讚美，用喀噠聲和食物獎品犒賞牠。此外，也可以把召回訓練變成遊戲，在限定的距離，用碼表計時，看愛犬折返一趟需要花多少時間。

慢慢增加你和助手間的距離，提升遊戲的難度，也可以試著請助手干擾狗狗，用玩具引誘牠，進一步考驗愛犬對飼主聲音的服從性。

狗狗折返跑

如果你想為這個訓練增加一些挑戰性，或許可以邀請愛狗同好共襄盛舉，看誰家的寶貝能贏得狗狗折返跑的冠軍！

伸出小手手

和愛犬 Say Hello ！

要是狗狗已受過基本訓練的洗禮，或許讓牠學一點新花招是個不錯的主意；你可以教牠五花八門的表演秀，而這個小遊戲既簡單又有趣，愛犬一下子就能上手！

遊戲需求

- 對愛犬健康無虞的零食
- 額外需求（沒有也無妨）：訓練用口哨、響片

遊戲步驟

調教愛犬學習一些簡單的花招，不但能提升牠的注意力，也會刺激腦部發展；尤其這個小把戲還有個附加的優點，可以讓家中來訪賓客眼睛為之一亮！

首先跪立在狗狗面前，下達「坐下」的指令，接著說出「右邊」，並輕輕碰一下牠的右前腳，隨後再拿出零食獎品，並將手掌闔上。

在訓練初期，狗狗可能會有各式各樣不同的反應：如果牠用鼻子輕輕撫弄你的手或站起來，你就按兵不動，不要有任何反應；要是牠用右腳掌碰觸你拿食物的那隻手，你隨即要稱讚牠、並佐以喀噠聲作為獎勵，然後再把手掌打開，讓狗狗享用牠的獎品！

若愛犬一直無法抓到訓練的重點，或很容易分心，你可以在牠坐下期間，用眼神盯著牠的雙眼，並把手當成腳掌，握拳伸向狗狗。如果你夠幸運，當牠企圖解讀你臉上表情的同時，搞不好會直接模仿你的動作。

一旦愛犬掌握「右邊」這個字的含意，按照指令伸出右前腳（響片能有效提升訓練成效），之後再多練習幾次，只要牠成功做出正確動作，就要好好犒賞牠一番！

下一階段則換成「左邊」腳掌的練習，所有步驟幾乎都一樣。如果你要求牠伸出「左邊」腳掌，但牠卻抬起右腳，你要輕輕地放下牠的右腳，同時說出：「錯！」接著再輕碰牠的左前掌。因為狗狗貪吃

的天性，所以大多會自然而然地舉起被碰到的腳掌，這樣牠才能得到更多的零食獎品！

把社會化訓練納入遊戲過程

慢慢熟悉周遭的世界

對幼犬而言，最重要的訓練莫過於社會化的過程；用遊戲的方式，讓牠盡快熟悉這個光怪陸離的奇妙世界，慢慢熟悉人類社會，成為一隻沉著冷靜、充滿自信的快樂犬！

遊戲需求

- 邀請幾位親友一起參與
- 筆和小紙條
- 帽子或容器
- 道具：眼鏡、防撞安全帽、雨傘、提袋等
- 額外需求（沒有也無妨）：訓練用口哨、響片

遊戲步驟

邀請小朋友加入訓練團隊，協助狗狗的社會化訓練，不但能進行機會教育，讓他們知道養狗必須負擔起教養的責任，這些小鬼頭們也可以藉機喬裝打扮，到公園玩耍，用各種方式和他們最愛的小寶貝進行互動！

首先，你先和家中小朋友一起坐下來，列出你希望愛犬在訓練初期需要磨練的經驗，最好是一些讓牠心情愉悅的事件，像外出散步時，幼犬可能會接觸到的景象：其他的狗狗、繁忙的街道、各式各樣的人們（戴安全帽的、拿雨傘的、背提袋的），以及牠在家裡可能會遭遇的恐怖經歷：吸塵器、立體聲音響、其他的寵物和小朋友。把這些景象和物件分別寫在小紙條上，再放到帽子或其他容器裡。

每天邀請一位小朋友，從帽子或容器裡抽出一張小紙條，並大聲宣讀紙條內容，這就是該名小朋友必須準備的功課；例如當小朋友抽到「眼鏡」，他就要戴著眼鏡面對狗狗；如果抽到「一群小朋友」，他就要幫狗狗繫上牽繩，帶著牠到附近的遊樂場逛逛（務必要讓狗狗先接受疫苗注射），這一人一犬的組合，勢必會吸引一大堆小朋友的目光！

就如同其他社會化訓練一樣，在遊戲過程中，務必要讓幼犬保持愉快、心情放鬆，並持續監控牠的心理狀態。如果一下子聚集太多小朋友，可能會嚇到家中小寶貝，所以最好先從一到兩位開始，等狗狗逐漸建立自信，再慢慢增加人數。

玩遊戲，贏獎品！

邀請小朋友擔任訓練佳賓，同時也要酬謝他們的仗義相助，你可以列出一張清單，只要完成一項作業就打勾，一旦家中成員成功達成十項任務，每個人都可以獲邀到公園玩一趟，或從本書的「家庭遊戲」單元中挑出一項大家最愛的活動遊玩（請參閱 44-79 頁）。此外，也可以把所有任務編列成行事曆的形式，每天都有一項任務，並搭配一份甜點作為小朋友的獎勵。務必要隨時注意家中小寶貝是否有任何情緒緊張的徵狀，你絕對不希望愛犬長大後過於神經質，終其一生受小朋友恐慌症所苦！

搜尋遊戲

找找看，零食獎品在哪裡？

為忙碌飼主的愛犬量身打造的遊戲

搜尋藏起來的食物獎品可能是狗狗所經歷過最棒的體驗之一！這個遊戲的準備工作既簡單又不花時間，非常適合忙碌的都會新貴，儘管你沒有太多閒暇時間陪伴愛犬，牠還是能自得其樂！

遊戲需求

- 對愛犬健康無虞的零食
- 米紙
- 狗狗專用柵欄或牽繩
- 額外需求（沒有也無妨）：訓練用口哨、響片

遊戲步驟

這是最簡單的搜尋遊戲之一，適合任何犬種。如果愛犬對香噴噴的零食獎品一點都不感興趣，或許你要盡早帶牠就醫或諮詢寵物精神科專家。

準備一些對愛犬健康無虞的零食，分別用可食用米紙包起來，每包裡面以十塊零食為上限，包裹的實際大小視犬種體型而定，大型犬就大一點，中小型犬就小一點。把獎品做成包裹的樣子，不但能提升狗狗的參與感，當牠找出食物時，也會更興奮。然而對飢腸轆轆的狗狗而言，可能無暇打開包裝，直接狼吞虎嚥，不管米紙或內容物為何，全都祭了自己的五臟廟！

零食準備完畢後，用柵欄或牽繩限制狗狗的行動範圍，在牠好奇的注視下，把零食獎品藏在家中各個角落。

剛開始選擇簡單一點的地方，等狗狗玩過幾次，理解整個遊戲的玩法，再把獎品藏到比較不容易發現的地點。記得要統計零食獎品的總數，也要記錄狗狗找出的包裹數，這是遊戲中非常重要的一環，因為食物散落在家中不同角落，愛犬只要錯失其中之一，隔了幾天，食物很快就發臭了！

試著發揮創意，把包裹藏在隱密的位置：箱子或罐子裡、垃圾桶或花園裝飾品後面。善用家裡和花園的原有設施，把食物隱藏在這些屏障當中，藉由這個遊戲考驗愛犬

的腦、口、鼻、手，牠必須充分發揮高超的搜尋技巧，才能順利達成使命！

藏好所有包裹之後，再把狗狗放出來；如果你有用口哨的習慣，可藉由哨聲作為遊戲開始的訊號，然後就能安穩地坐在沙發上，欣賞愛犬瘋狂地投入遊戲，試著找出你剛剛藏食物的地方。要是狗狗曾受過響片訓練，每當牠成功找出一個包裹，你可以用喀噠聲激勵牠的鬥志。一旦定位出藏食物的地點，有些狗狗會高興地亂跳，有些馬上狼吞虎嚥，然後再繼續下一個搜索行動；你家寶貝屬於哪一種呢？

私家偵探犬出動，狗骨頭無所遁形！

跟著鼻子走！

狗狗鼻子的嗅覺靈敏度，大概是人類的十萬倍，食物追蹤遊戲絕對能讓牠充分發揮所長，你只需坐著觀賞愛犬手舞足蹈，立即展開搜索任務！

遊戲需求

- 對愛犬健康無虞的零食
- 米紙
- 狗狗專用柵欄或牽繩
- 額外需求（沒有也無妨）：訓練用口哨、響片、碼表

遊戲步驟

輕輕抓一把味道強烈的零食獎品，讓手掌和指尖沾染一些獨特而美味的狗食氣味。

把食物放旁邊，用非常愉快的聲調召喚愛犬，讓牠聞一聞你的手，在牠面前宣布這個遊戲的名稱「零食追蹤」，之後拿出柵欄或牽繩，暫時限制狗狗的活動範圍。對牠下達「坐下」的指令，一旦狗狗正確回應你的要求，給牠一小塊香噴噴的零食嘗嘗甜頭，手中緊握其他部分，讓牠更飢渴、想要一口吞掉所有食物。

把第一批零食放在狗狗前方一小段距離的地板上，務必讓牠看到你放食物的地點。

在家裡和花園佈置一條充滿狗食味道的軌跡，每走幾步，你握住食物的那隻手，就要輕輕擦過地板，每 5 到 10 個跨距放一些零食，盡量選擇各種不同的地點，牆腳邊、椅腳後、花盆裡或善用其他屏障。愛犬首次「食物追蹤之旅」最好簡單一點，等牠抓到遊戲的訣竅，爾後再逐漸提升難度，挑戰狗狗鼻子的極限！

等場地佈置好，你再回到狗狗身邊，並再一次要求牠坐下，然後解開解牽繩或打開柵欄，同時也要輕快地下達「找出來」的指令。

用喀噠聲計數

如果狗狗曾受過響片訓練（請參閱 10-11 頁），或許你可以試著在放食物的瞬間一併按下響片，讓牠知道藏食物的地點共有幾個。就算狗狗不會算數，喀噠聲也會再次挑動牠的味蕾，激發牠投入遊戲的鬥志！

此外，每當狗狗找出一個定點，也可以用響片聲作為正向回饋，再給牠雙倍的食物獎勵。

要是家裡有碼表，每次玩追蹤遊戲時，甚至能幫愛犬計時，看牠能否突破自己以往的紀錄。

我的包裹在哪裡？

這是給我的嗎？

如果用超級新鮮或狗狗最愛的磨牙零食作為誘因，絕對能激發愛犬的鬥志，當你下達「找出來」的指令，牠勢必一馬當先，迫不及待地用鼻子到處嗅聞！

遊戲需求

- 新鮮、沒有煮過的骨頭或大型磨牙玩具
- 幾片高麗菜外面的大片菜葉或防油紙
- 非尼龍材質的繩子
- 狗狗專用柵欄或牽繩
- 額外需求（沒有也無妨）：訓練用口哨、響片

遊戲步驟

這個遊戲非常簡單，非常適合花園或戶外空間。

把一大塊豬骨切段，每段大概10公分（4吋），只要取其中一段，其他放到冰箱，等下一次再用（所有骨髓都要清乾淨，否則營養太過豐富，才一個遊戲小節而已，不需要消耗這麼多能量）；之後拔幾片高麗菜外面的菜葉或拿一些防油紙，將一小段骨頭（或大型磨牙玩具）包起來，用繩子固定包裹，不用綁太緊，最好不要用尼龍繩，以防萬一。

在室內先把包裹拿給狗狗看，同時說出「包裹」這個字，你也可以選用其他替代字彙。當你移駕花園藏包裹這段期間，可以用柵欄或牽繩限制愛犬的行動範圍，讓牠看不到你藏食物的過程，只能狂流口水、乾著急！

第一次進行遊戲時，藏包裹的地方可以明顯一點，這樣狗狗很快就會知道這個活動有多刺激！藏好東西之後，再一次對狗狗說出「包裹」這個字，接著下達「找出來」的命令，然後再放牠出來。如果愛犬口水直流，那就表示牠已經準備好，即將投入這場搜尋食物包裹的遊戲。

一旦狗狗學會遊戲的玩法，之後再逐漸提升難度，把食物藏在倒扣的花盆或空的麥片紙盒裡，增加遊戲的挑戰性。

當狗狗找到包裹之後，還有另一項考驗在等著牠，牠必須先打開包裹，才能享用裡面的大餐。如果狗狗順利咬開繩索，你要趕緊拿開，避免牠狼吞虎嚥，不小心把繩索吞下肚。要是狗狗舔了磨牙玩具或骨頭幾下，接著就離開，你可以用塑膠袋把骨頭再包起來，留待其他遊戲使用。

如果愛犬在搜索過程不知道該從何著手，你可以走向藏東西的地點，撿起包裹，等一陣子，隨後再把包裹藏在另一個地方，重新下達「找出來」的指令。這樣一來，狗狗的鬥志又再次被點燃！甚至連你都恨不得自己為什麼不是牠，沒辦法享受當「包裹搜尋發燒友」的快感！

搜索途中

這個遊戲也很適合在你平常遛狗的區域進行，不過最好選一個沒有其他狗狗出沒的地點，因為牠們可能會和家中寶貝競爭，甚至引發更大的糾紛。剛開始的步驟和之前一樣，先讓狗狗看一看包裹，然後再放到袋子裡，裝作若無其事的樣子，繼續往前走，直到牠暫時放棄，不再糾纏著你不放，等到你們之間的距離遠超過牠的嗅聞範圍，再偷偷把包裹放下，緊接著緩步離開那個地方，超過一段距離之後，再呼叫狗狗。一旦牠來到你身邊，先讓牠聞一聞你剛剛拿包裹的那隻手，並下達「找出來」的指令，然後再觀察牠的反應，看牠鼻子貼近地面，嶄露千里追蹤的絕技，一路搜尋出自己最哈的狗骨頭！

把食物放到冷凍庫

為愛犬特製的冷凍零食

藉由這個室內小遊戲，可以讓狗狗學會耐住性子，等食物解凍。然而牠也可以善用自己靈活的舌頭，伸到中空的玩具裡，狂舔猛舐，在一番努力過後，終於獲取自己最愛的零食！

遊戲需求

- 半濕型、罐裝或乾式狗食
- 至少準備一種食物填充玩具
- 額外需求（沒有也無妨）：訓練用口哨、響片

遊戲步驟

只要運用巧思，搜索遊戲也會有不一樣的變化，把食物塞到玩具放到冷凍庫裡，拉長遊戲時間，延續歡樂氣氛（請參閱 104、106 頁）。對某些聰明的狗狗來說，一般市面上的中空橡膠玩具太沒挑戰性，塞在裡面的食物，牠們一下子就拿出來了。但如果把塞了食物的玩具先放到冷凍庫，狗狗必須多試幾種方法，才能得到「加工」過的零食獎品，遊戲過程也會更有趣！

至少準備一種中空玩具，裡面塞滿愛犬平常吃的狗食，再將玩具放到冷凍庫，直到結凍、整個硬繃繃的、像岩石一樣。

呼叫待在花園的狗狗，讓牠進到屋內，先在其中一間房間稍待片刻，在牠視線不可及的範圍，把冷凍過的玩具藏好。起初可以選一些比較明顯的地方，把玩具藏在這些

屏障的後面，這樣狗狗才能一下子就找到玩具，之後再把搜尋任務的難度提高，也許放在垃圾筒後面，或舊包裝袋裡面。

如果狗狗有受過口哨訓練，吹哨後再把狗狗放開，讓牠展開搜索。或許牠一下子就找到玩具，不過卻還是需要花點時間，才能享用玩具裡面冷凍過的佳餚！

殘羹剩飯再利用

何必浪費還可以吃的食物！

用力把餐盤殘留的剩菜剩飯刮到狗狗的碗裡，是很多飼主的共同經驗，然而只要發揮創意，預先蒐集還可以食用、對愛犬健康無虞的廚餘，你就不需要那麼辛苦了！而愛犬必須像「案發現場」的參賽者一樣，逐一找出現場留下的線索，才能贏得自己的晚餐！

遊戲需求

- 對愛犬健康無虞的廚餘，像是肉、魚、蔬菜（避免含有糖鹽等添加物的食品，以及高蛋白乳製品）
- 米紙
- 狗狗專用柵欄或牽繩
- 額外需求（沒有也無妨）：訓練用口哨、響片

遊戲步驟

目前已知野生或半野生的狗狗，為了生存，一半以上的能量都投入在無止盡的食物搜尋中。因為狗狗屬於群居動物，每個個體必須充分發揮追蹤本能，才能比同伴早一步享用美食。沒有人比飼主更瞭解自家寶貝，牠追蹤氣味的本事，比較像習於群居狩獵的老手，還是已經過慣了養尊處優的日子，只知道茶來伸手、飯來張口！如果你覺得單純地把剩菜剩飯倒進狗狗盤子太過無趣，或許可以試著多點變化，讓牠像自己野生的遠祖一樣，努力搜尋自己的美味佳餚。這是個絕佳的好時機，藉此磨練愛犬捕獵的技巧，學習善用自己與生俱來的敏銳感官。

當家中宴請賓客之後，如果留下一堆殘羹剩飯，你可以稍微分類一下，揀選一些沒有過度加工的食物，像是肥肉、切肉剩下的碎屑、培根外皮、魚皮、雞皮、各種蔬菜等，稍為清理過後，切成狗狗能一口咬下的大小，再拿出可食用米紙把這些碎塊包起來，只要留幾包，其他放到冰箱保鮮，以後的遊戲也許派得上用場。

利用柵欄或牽繩限制狗狗的活動範圍，接著走到戶外，拿出準備好的食物包裹佈置場地，等一切

就緒，再放出愛犬。一旦牠找出藏包裹的地點，可以用響片聲或口頭讚美作為正向回饋，讓牠知道自己成功達成任務。儘管這個遊戲好像是針對嗅覺敏銳的犬種，但所有狗狗在搜尋過程應該都會很興奮，大豐收的結果，足以讓愛犬大快朵頤一番！

單獨在家

當飼主因為工作、上學或其他活動，無暇在家陪伴愛犬，或許可以試著把家裡或花園的一塊小角落佈置成遊戲場地。在你離家之後，狗狗只要靈活運用自己的鼻子，就算沒有任何外援，還是能成功找出包裹，對牠而言，最大的鼓勵莫過於包裹裡面香噴噴的美味佳餚！

算算看，有多少零食獎品？

一共拍了幾次手？

幫愛犬設計一些狗狗專用福袋，裝幾塊美味的零食，激發牠學習算數的動力！

遊戲需求

- 對愛犬健康無虞的零食或小塊肉乾
- 米紙
- 額外需求（沒有也無妨）：訓練用口哨、響片

遊戲步驟

活潑好動的牧羊犬，像邊境牧羊犬（Collie）、德國狼犬（German Shepherd），通常對這個遊戲很在行，不過多數狗狗也能很快掌握訣竅。聰明的狗狗當然一下子就學會怎樣才能找到更多食物，但你一定要適度控制，以愛犬的健康為前提，正餐加遊戲的零食，不能超過牠每天正常的食量。

準備一些對愛犬健康無虞的零食或小塊肉乾，平均分配成幾堆，分別用米紙包起來，作為愛犬的特製福袋。剛開始先讓狗狗熟悉簡單的訊號指令，以拍手或訓練哨聲各一次引起牠的注意，朝牠所在位置的相反方向丟出一小塊零食，看狗狗是否以追逐食物為樂。一天當中重複幾次上述流程，每次間隔10-20分鐘左右。

進入下一個階段時，連續拍手或吹哨兩次，之後再朝不同方向各丟一個狗狗特製福袋。在同一天重複上述步驟幾次，每次都要間隔一段時間。

一旦狗狗找出兩個特製的「福袋」，卻還不肯罷休，這時候你可以宣布：「遊戲結束！」之後就不要理牠。用不了多久，牠就會知道這幾個字表示這次的遊戲已經告一段落了，當然狗狗並不是真的瞭解字彙含意，是因為這幾個字的發音與遊戲結束這個事件連結在一起，久而久之牠自然就會理解這個聲音的意思。

拍兩次手、丟兩包零食的遊戲，可以多花點時間練習，經過幾天之後，再進入下一個階段，拍三次手、朝三個不同的方向投擲「狗狗特製福袋」。只要多點耐心，這個遊戲很快就會變成狗狗專屬的競賽，當你好整以暇地坐在沙發上休息，愛犬就能自得其樂、消耗過剩的精力！

藏起來的玩具

它到底在哪兒？

如果外面天氣不佳又濕冷、又起風，讓人提不起勁像平常一樣帶狗狗外出散步，或許這個搜尋遊戲可以讓你們精神為之一振！

遊戲需求

- 狗狗專用柵欄或牽繩
- 狗狗最愛的玩具，或一個特別的新玩具
- 預備要拿去回收的布料，你曾經穿過或睡過，上面沾有你的氣味
- 對愛犬健康無虞的零食
- 額外需求（沒有也無妨）：訓練用口哨、響片、碼表

遊戲步驟

用柵欄或牽繩限制狗狗的活動範圍，讓牠可以看到你手頭上的準備工作，逐漸醞釀情緒，面對即將展開的搜尋大戰！

拿出一個狗狗的玩具，可能是新的或牠最愛的，最好已經有一陣子沒玩了，但盡量不要使用尋回訓練標的物（例如球或飛盤），像一些專門為狗狗設計的拔河或碎布花繩玩具就很理想。把東西拿到愛犬面前晃一晃，幫牠趕走一些瞌睡蟲；這樣一來，狗狗馬上就能恢復精神，預備投入這場激烈的爭戰！

準備一塊沾有你身上氣味的回收舊衣，把玩具包起來。在家中各個角落放一些狗狗喜歡的零食，讓牠維持搜尋的熱度，最後再把玩具包裹藏到適當的位置，例如塞到地毯下面、箱子後方、桌子底下等。

等一切就緒，再將狗狗放出來，並下達「找出來」的指令，就算牠找錯地方，也要持續稱讚牠，幫牠加油！一旦愛犬找到零食，就要用響片聲或口頭讚美讓牠更窩心、更有鬥志！

當狗狗終於發現包裹，外面那層沾染你氣味的舊衣服，會強烈地挑動牠的情緒。如果狗狗曾接受哨聲尋回訓練，在牠打開包裹的瞬間，可以用哨聲作為「尋回」的訊號指令；一旦牠把玩具叼回你身邊，讓牠先玩一陣子，再用一個特大號擁抱和一些零食獎品跟牠交換玩具。等遊戲結束之後，務必要把玩具藏到狗狗拿不到的地方，以維持一定的新鮮感！

晚餐的作用

我的餐點到哪去了？

這個遊戲的宗旨是希望狗狗能擺脫嬌生慣養的寵物宿命，為自己的晚餐而奮戰，運用捕獵搜索的本能，找出每天的食物配給。你甚至可以不斷提升遊戲難度，挑戰愛犬的極限！

遊戲需求

- 狗狗專用柵欄或牽繩
- 愛犬每天的食物配給
- 至少三個盤子（派對用的紙盤最理想）
- 對愛犬健康無虞的零食
- 額外需求（沒有也無妨）：訓練用口哨、響片

遊戲步驟

與其讓愛犬每天過著「茶來伸手，飯來張口」的無聊生活（連我們家狗狗都同聲附和！），不如善用牠每天的食物配給作為搜尋遊戲的標的物，增添居家情趣！

非工作犬大多不需要為了填飽肚子而奔波，但太過聰明的工作犬通常不甘寂寞，無法適應養尊處優的居家生活，因而產生厭食的傾向或看起來無精打采。飼主每天幫寵物倒食物，日復一日，固定給狗狗一定的配給量，這看起來似乎天經地義；然而牠卻常常心不甘情不願，不是匆匆吃完就是留下一些。面對這些情況，飼主可能再幫狗狗倒滿，或直接把剩下的食物清掉、拿走盤子、等下一餐再拿出來。很多狗狗的食欲會被情緒影響，一旦心情低落，也會胃口盡失。或許你可以試著調整餵食方法，並仔細觀察愛犬的動靜，看牠是否因此而眼睛為之一亮！

首先，把狗狗的活動範圍限制在室內，但牠還是能看到你在室外的一舉一動，你和牠之間可能隔著柵欄、玻璃門，或直接幫牠繫上牽繩也無妨。

將狗狗每天的食物配給分裝到三個盤子，拿東西蓋住或藏起來，可以放到舊包裝盒裡、沒用的箱子下方、或直接用花盆倒扣。如果戶外天氣很糟，也可以利用室內比較好清理的角落。如果你不忍心讓愛犬把一天的配糧都貢獻給這個遊

戲，可以保留一點，然而遊戲的用量一定要超過保留的部分。第一次玩這個遊戲時，最好選一個比較好找的地方藏食物，其他兩個的難度稍微高一點也沒關係。

完成前置作業之後，再放出愛犬，並下達「找出來」的指令。一旦牠順利達成使命，記得要輕快地說出「對！」（Yes ！）這個字，或用響片聲作為給狗狗的正向回饋。

如果狗狗曾接受哨聲訓練，當牠剛開始找錯地方時，你可以吹哨提醒，幫牠指出正確的方位。只要牠定位出任何一個藏食物的地點，你就要準備好，用口頭讚美或響片聲獎勵牠出色的表現。在狗狗搜尋過程中，試著幫牠多留下一些線索，不過千萬不能讓牠看到。此後，再慢慢增加食物分裝盤數和搜索難度，挑戰你們家寶貝的極限！

記憶力大考驗

嗯～食物到底在哪兒？

愛犬真的能記得每個藏食物的地點嗎？花點巧思，為飢腸轆轆的愛犬，設計一個食物搜尋遊戲，挑戰牠腦力的極限！

遊戲需求

- 對愛犬健康無虞的零食
- 米紙
- 狗狗專用柵欄或牽繩
- 額外需求（沒有也無妨）：訓練用口哨、響片、碼表

遊戲步驟

這個記憶遊戲主要是基於狗狗貪吃的天性，把牠愛吃的食物藏起來，看牠記得多少藏食物的地點。第一次進行時，使用的食物量可以少一點，再逐漸增加，但每個遊戲小節的用量不能超過狗狗健康的容許範圍。把食物分成十份，分別用米紙包裹，尺寸依狗狗體型而定，大型犬就大一點，小型犬的就小一點。

用柵欄或牽繩限制狗狗的活動範圍，在牠面前把食物藏在家中各個角落；為了強調藏食物的地點，尤其是第一次玩這個遊戲時，最好用響片聲提醒狗狗。

如果你選擇在室內舉行，一旦做好準備工作，接下來就要把狗狗牽到室外，反之亦然。爾後再將牠帶回原來藏食物的區域，並宣布遊戲名稱：「記憶力大考驗！」放開

狗狗之後，仔細觀察牠的反應，看牠是否能找出所有食物包裹。要是你有碼表，也可以幫愛犬計時，看牠究竟要花多久時間，才能順利達成任務！

在狗狗搜尋期間，只要牠一接近食物，你就要準備好，等牠「成功達陣」的瞬間，隨即按下響片。若愛犬通過考驗，找出所有食物包裹，就能贏得狗狗記憶競賽冠軍！但要是牠不得其門而入，或許可以試著降低遊戲難度，把食物放在一些比較明顯的地方。

家庭遊戲

哪一隻手？

狗狗專屬「不給糖就搗蛋」遊戲

迫於無奈，飼主可能沒有太多時間陪伴愛犬，玩一些過於複雜的遊戲。然而這個簡單的猜謎遊戲，能幫助無法抽空的飼主輕鬆解決這方面的困擾，幾乎所有家庭成員都能和狗狗玩上一手！

遊戲需求

- 對愛犬健康無虞的零食
- 額外需求（沒有也無妨）：訓練用口哨、響片

遊戲步驟

這個遊戲挑戰的是狗狗的本能，看牠是否能達成一項簡單的食物偵測任務，不但趣味性高，而且老少咸宜，所有家庭成員都能和愛犬同樂！只要發揮創意，稍微改變狗狗零食供應的方式，不但能促進你和牠之間的良性互動，甚至可以把這種方法導入訓練中，一旦狗狗順利通過你的考驗，就以遊戲方式讓牠為了贏得自己的獎品再次動動腦。

你可以挑選適當的時機再進行，像是牠剛清好自己沾滿泥巴的腳掌或從戶外散步回來。狗狗很快就會瞭解，當自己完成一項特定任務或在做完某件事之後，惟有安靜、耐心地等待，接下來好戲才會上場！

對狗狗下達「坐下」的指令，攤開手掌，把牠最愛的零食放在手心，在兩掌之間來回傳遞，保持從容、速度慢一點，讓狗狗看清楚你的動作；玩了一陣子之後，握住手掌，並把雙手放在背後，再伸出其中一隻手。

以清晰明快的語調問狗狗：「是這隻手嗎？」接下來換另一隻手，「還是另一隻？」將握緊的雙拳攤在牠面前，「到底是哪隻手？」

剛開始可以讓狗狗嗅一嗅、舔一舔你的手，特別當牠前幾次玩遊戲時，可以稍微放水一下。如果牠對握有零食的手掌露出興趣（有些狗狗甚至會用腳掌輕碰正確那隻手），你就要用恭賀的語氣對牠說出。「對！」反過來，如果牠猜錯了，也要無奈地對牠說：「錯！」

緊接著再把雙手打開，試著讓狗狗從錯誤中學習。

愛犬很快就能學會，握有零食那隻手的味道會比較重。有些狗狗的反應很有趣，當牠認為自己猜對了，就會發出低吠聲，好像很開心的樣子。如果愛犬屬於小型犬，你最好採取坐姿跟牠玩這個猜猜看遊戲。

往下鑽

探索未知世界

如果愛犬喜歡亂鑽，有時候跑到沙發、桌子下，有時候窩在被子裡，那這個遊戲就非常適合牠和小朋友一起玩。事實上，這可能是他們一整天以來最盼望的快樂時光！

遊戲需求

- 幾位小朋友
- 準備幾條舊棉被或床單，直接打結或用針線簡單固定，接成一大條布套
- 對愛犬健康無虞的零食
- 額外需求（沒有也無妨）：訓練用口哨、響片

遊戲步驟

小朋友最喜歡的莫過於在棉被下、自己搭的帳蓬、小閣樓等私密空間裡窩著。這個遊戲就是基於這一點而設計的，把一條超大的覆蓋

物舖在室內地板，如果天氣許可，也可以在戶外進行。覆蓋物越大，連接越多條床單，玩起來越好玩！

進行前置準備時，可以把狗狗暫時先關在另一個房間。請每個小朋友抓一把狗狗最愛的零食，接著鑽進大床單就定位；等一切就緒，你再去找狗狗，輕拍牠、給牠一小塊零食，送牠去找出躲在大床單裡的小鬼頭！

狗狗剛接近大床單時可能又好奇、又不安，接下來才會慢慢琢磨出遊戲的玩法，牠必須先鑽到大床單底下，才能找出躲在裡面的小朋友。記得要告訴這些小幫手們，多翻滾幾圈、好好享受跟狗狗玩躲貓貓的樂趣。但如果家中寶貝屬於「重量級」大型犬，千萬要小心一點，不要讓牠一下子跳上床單，小朋友可能會因此而受傷。

除非狗狗鑽進床單裡，否則小朋友不能主動餵食；要是狗狗一

直摸不著頭緒，可以舉起大床單一角，鼓勵牠鑽進去。

如果狗狗需要多一點動力，可以請一位小朋友幫忙，手伸出來，拿零食引誘，務必要讓牠看到，知道底下有什麼「好康的」在等牠。

小朋友的任務是負責躲好，或爬或滾，盡量不要讓狗狗找到。然而要是牠濕濕的鼻子一靠近這些小鬼頭，他們必須餵狗狗零食作為獎勵。

在床單裡面鑽來鑽去，似乎會讓小朋友特別興奮；如果你的姪兒、姪女、外甥、外甥女有機會齊聚一堂，這一堆小朋友剛好又覺得有點無聊，想跟狗狗玩一玩，這個遊戲就可以派上用場；不過你還是要全程監督，以防這些恐怖分子鬧翻天，把房子拆了！

魔術師的神奇杯子

猜猜看，東西藏在 3 個杯子的哪一個？

你和愛犬之間或許早已存在一些不可思議的默契，然而這個遊戲是真的把魔術技巧納入其中，由你和小幫手們一起合作，看看狗狗會不會被你們的手法所迷惑。

遊戲需求

- 對愛犬健康無虞的零食
- 3 個不透明塑膠杯
- 桌子
- 額外需求（沒有也無妨）：訓練用口哨、響片、觀眾

遊戲步驟

這個魔術小把戲適合在雨天時跟狗狗玩，但如果牠有過動傾向，可能就要避免。藉由這個創新的手法，鼓勵狗狗善用牠靈敏的鼻子。

準備 3 個杯子，抓一把狗狗最愛的零食，假裝拉開舞台布幕，要求牠坐在桌子旁邊，欣賞接下來的魔術秀。在狗狗等待好戲上場期間，可以給牠 1、2 塊零食，讓牠集中注意力。

把 3 個杯子疊在一起，放在桌上，接著翻過來、杯口朝上、把杯子排成一直線；丟一塊零食到其中之一，搖一搖杯子。如果狗狗善於追蹤聽覺線索，這對牠會很有幫助。

將所有杯子倒扣，把裝零食的那個杯子拿起來，輕輕推一下零食，讓狗狗可以看到、聞到眼前的獎品，證實裡面真的有東西，接著再用杯子蓋住零食。

第一回合，僅移動有零食的杯子，在其他兩個杯子四周游移，最後讓杯子停在比較靠近狗狗的位置。

然後問狗狗：「在哪裡？」希望牠可以成功，用力嗅聞最明顯的那個杯子，如果牠的鼻子有往那邊移動的傾向或直接碰到，記得要好好讚美牠，然後把杯子拿開，說出「OK」這個字眼。當牠享用美食時，還是要持續稱讚牠。

狗狗剛開始玩遊戲時，如果剛好又餓肚子，牠可能只會呆呆地看著你，或許你可以試著搖搖杯子提振牠的精神。不管什麼時候，只要

牠把鼻子湊近沒有食物的杯子，就用無奈的語氣對牠說：「錯！」

反過來，要是狗狗就像賭場老千一樣，一下子就跟上你玩戲法的腳步，接下來就可以提升難度，以快速擺手的動作，讓牠眼花撩亂。等在一旁的小朋友就是整場魔術秀的最佳觀眾，一旦狗狗正確地猜出藏食物的杯子，千萬要請大家掌聲鼓勵！

賓果遊戲（Bingo!）

一切都在卡片中

讓愛犬一起參與親朋好友的家庭聚會，將平凡無奇的賓果遊戲轉化為派對上人人不忍錯過的精采橋段！

遊戲需求

- 幾位親友
- 準備幾張大的方形紙片，在上面寫下 1-50 的數字
- 用來裝數字籤的舊罐子或舊碗
- 賓果卡或空白明信片，在上面畫十個空白方塊
- 對愛犬健康無虞的零食
- 額外需求（沒有也無妨）：訓練用口哨、響片

遊戲步驟

賓果卡製作完成後，必須先洗牌，將所有號碼混在一起，再放到盆子裡，然後請有參與遊戲的親友玩家隨機抽出十張卡片，把上面號碼寫在各自的明信片上。此外，也可以使用事先印好的賓果卡，省略上述程序，直接進入下一階段。

將標有號碼的卡片折起來，裡面分別包一小塊狗狗最愛的零食。前置作業就緒後，接著召喚愛犬過來，拿出特製號碼抽獎盆，將抽抽樂的使命賦予狗狗，請牠叼出其中一張號碼籤，並下達「給我」的指令。請狗狗先坐下，將號碼籤打開，拿出裡面包的零食作為牠的獎品，並佐以口頭讚美讓牠知道自己已成功完成使命。對所有參與的玩家大聲宣讀狗狗抽出的號碼，如果玩家手上的卡片有這個號碼，就可以刪掉。

隨後再將號碼盆往你的右側傳遞，再請狗狗抽出另一張號碼籤，直到某人的號碼全數刪除，大聲喊出「Bingo！」贏得這一輪的遊戲為止。

如果愛犬屬於貪吃一族，一叼出號碼籤，馬上狼吞虎嚥，想要連紙片一起吞下肚，那你最好使用厚一點的紙板製作號碼籤，同時也要一併注意狗狗叼號碼籤的過程，不能讓牠咬太緊或流太多口水，否則紙籤可能無法打開。此外，務必要全程監控狗狗於遊戲中攝取的零食量，並調整正餐的供給量，避免牠一下子吃太多，營養過剩。

捉迷藏

來吧，你準備好了嗎？

這是家庭遊戲中最簡單的一個，讓狗狗學會如何找出家中特定成員。

遊戲需求

- 幾位小朋友
- 對愛犬健康無虞的零食
- 兩個訓練用口哨
- 額外需求（沒有也無妨）：響片

遊戲步驟

這個遊戲的目的是藉由嗅覺和視覺刺激，讓狗狗馬上記住參與遊戲的家中成員。因為在遊戲中不斷地重複每個人的名字，這也有助於狗狗對特定成員的記憶。

躲起來的成員，一旦被狗狗找到，就要對著牠清楚喊出自己的名字，例如「莎莉」，然後再餵狗狗一小塊零食。特定名字的發聲、再佐以響片聲的刺激，能有效強化狗狗的記憶；一再重複多唸幾次，每次唸之前，先用響片發出的喀噠聲提醒狗狗集中注意力，之後再給牠零食獎品，久而久之，愛犬自然能記住對方的名字。

正式展開遊戲之前，先請狗狗坐下稍候，等到你下達「找出來」的指令之後，牠才能開始動作。如果狗狗不安分，可以先用牽繩限制牠的活動範圍。剛開始先以哨聲作為信號，指揮參與遊戲的玩家先躲到適當位置，第一回合最好選擇比較明顯的地方；等玩家躲好了，再由他吹哨，哨聲的作用不但是一種訊號，也能提供狗狗另一項聽覺線索。如果愛犬的嗅覺沒那麼敏銳，又不擅長搜尋，哨聲可以作為指引，讓牠知道躲藏地點的方向，在遊戲初期也比較不會茫然失措，不知從何著手。

緊接著對狗狗下達「找出莎莉」的指令，同時再吹一次口哨，鼓勵狗狗朝著正確的方向前進。

當狗狗找到躲藏者之後，對方必須再一次吹哨，餵牠 1、2 塊零食作為獎勵，以大吃一驚的表情迎接狗狗，或是給牠一個特大號的愛的抱抱。此外，只要參與遊戲者被狗狗找出來，就要對著牠再次大聲說出自己的名字，加強狗狗對這個

名字發聲的印象。

當狗狗已經跟好幾個家庭成員玩過這個遊戲，腦海中對他們各自名字的發聲留下深刻的記憶之後，或許你可以邀請其他朋友一起參與，你們家聰明的寶貝絕對會讓對方大吃一驚！

歌唱教室

為曲調命名

這個狗狗專屬的歌唱遊戲究竟能不能達到人犬合一的境界，完全取決於你和愛犬的品味是否一致，你們到底比較中意重金屬搖滾樂？還是抒情歌曲呢？

遊戲需求

- 對愛犬健康無虞的零食
- 幾位小朋友
- 音響
- 幾首你喜愛的歌曲，或是你預錄的電視節目配樂
- 額外需求（沒有也無妨）：訓練用口哨、響片

遊戲步驟

正式展開遊戲之前，飼主務必要詳加考慮，如果讓狗狗學會用吠叫聲回應你的要求，可能會引發擾鄰的爭議。然而要是牠不屬於天生的「愛吠一族」，在細心的指導下，搞不好會成為「狗界歌星」！

狗狗的聽覺敏銳，能聽到的音頻範圍遠大於人類，如果能善加利用這點，透過適當練習，讓牠學會跟隨特定旋律「發聲」，感覺起來就像狗狗真的會唱歌一般。隱藏在這個遊戲背後的理論其實很容易理解，在分類學上，狗狗屬於狼的亞種，牠們會使用一種低頻的吠叫聲彼此挑釁，但也會像狼一樣，用高頻的嚎叫聲呼朋引伴。

在狗狗歌唱教學開始之前，先叫牠過來，給牠1、2塊零食，讓牠知道即將有什麼「好康的」事情要發生。剛開始還沒放音樂時，你要先做示範，當然也可以請較為年輕的家族成員代勞，模仿月圓的狼嚎聲，你或他就像荒野一匹狼，假裝對著窗外高掛的滿月大聲嚎叫！

有些狗狗馬上就會加入，如果你有使用響片的習慣，就要利用這個機會以喀嗟聲和口語讚美多多嘉獎牠的表現。狗狗就像人類一樣，有些叫聲很悅耳，有些就像走音一樣難聽，甚至根本叫不出聲音來。不過牠也可能搞不清楚狀況，直接跑開，躲到沒有加入狼嚎組織的成員那邊。一旦狗狗認清現實，加入你們幫牠開設的歌唱教室，那麼就能進入下一階段。

選一段適當的音樂旋律，最好有明顯的高低音反差。

如果狗狗對某些聲音特別感興趣，已經有鍾愛的歌曲或電視節目配樂，或許可以事先預錄下來，當作歌唱遊戲的背景音樂。選好了之後，接著便可以按下播放鍵，遇到高音就開始飆歌，音頻甚至更高，更接近狼嚎聲。一旦狗狗加入合唱的行列，大家就可以像一窩狗狗雜牌軍樂團，又叫又吠，一起同樂！

「人犬合鳴」之後，真正的好戲才開始上演！如果你們家寶貝精通各種樂曲，整個音樂教學過程，就會充滿重節奏的刺激感，有一種怪怪的趣味性！當狗狗鞠躬謝幕之際，千萬別忘記多給牠一些口頭讚美和實質的零食回饋！

磨牙玩具追逐戰

在你腳邊火熱的爭戰

你家寶貝熱衷於追逐移動中的物體嗎？那這個遊戲正是為牠量身打造的，不過這也會讓參與遊戲的所有人都累翻了！

遊戲需求

- 狗狗磨牙用的肉質零食或玩具
- 質地柔軟的繩索，3-5 公尺長（10-16 呎），確切長度依遊戲執行者年齡而定
- 幾位年紀較大的小朋友或童心未泯的大人
- 額外需求（沒有也無妨）：訓練用口哨、響片

遊戲步驟

某些狗狗只要有動態的物件出現在視野範圍內，就會不由自主地追上去。如果家中愛犬碰巧屬於上述類型，這種三不五時會出現的偏差行為，或許可以藉由這個遊戲導正，甚至能讓狗狗藉機發洩過剩的精力。遵循往例，在正式展開遊戲之前，都要事先宣布遊戲名稱，讓狗狗慢慢記住這個發音，也知道接下來的遊戲內容是什麼，並做出適當回應。

把肉質磨牙玩具牢牢綁在繩索一端，幫狗狗繫上牽繩，限制牠的活動範圍，接著再挑選拉繩索的人，請他預作準備。如果你有使用口哨的習慣，在喊出遊戲名稱「磨牙玩具追逐戰」之前，預先以哨聲提醒狗狗，讓牠集中注意力。一旦放開狗狗之後，抓住繩索的人，就要盡可能把磨牙玩具往遠處丟。

當狗狗朝磨牙玩具飛奔過去，在牠跑完花園或公園一圈之前，抓住繩索的人，可以用力把繩子往回拉，然後再次把玩具丟出去，不斷重複，展開一次次的磨牙玩具追逐戰。如果狗狗夠聰明，最終一定會咬到牠最愛的磨牙玩具或繩索。一旦牠成功了，務必要多多讚美牠，給點時間讓牠享受一下磨牙的樂趣。

靈緹犬（Greyhound）、惠比特犬（Whippet）、勒車犬（Lurcher）一定會愛死這個遊戲！但拉繩索的人可要小心，如果動作不夠快，馬

上就被追上了。還有，遊戲時間絕對不能拖太長，否則狗狗太過興奮的話，後果將很難收拾；此外，只要狗狗咬住磨牙玩具，就表示已經完成階段性任務，務必要讓牠好好享受一番。如果愛犬很認真，卻無法成功，任誰都不能藉機嘲弄牠，這可能會讓牠產生挫敗感或過動的傾向。要是小朋友的年紀太小，缺乏自制力，不知道適可而止，可能就不適合參與這個遊戲，最好等他年紀大一點再說，或是邀請年紀大一點的小朋友參與。遊戲過程中，絕對要隨時提高警覺，以防萬一。

釣魚遊戲

用線綁住愛犬最愛的零食

這個遊戲對小朋友來說非常安全，能和狗狗一起追逐打鬧，雙手卻不需要靠近牠最危險的上下顎。不管你所使用的是哪種釣竿，千萬別讓狗狗心生不滿，私底下埋怨「那根棍子真不夠意思，沒玩兩下就跑了！」

遊戲需求

- 幾位小朋友
- 一小段堅韌的細繩或軟繩
- 取自花園或曬衣用竹竿，質地堅韌不易折斷
- 耐咬的零食或玩具
- 額外需求（沒有也無妨）：訓練用口哨、響片、釣魚用捲線器

遊戲步驟

從花園取得一小段竹竿，在一端綁上細繩或軟繩，如果家中有捲線器的話，也可以裝上去，裝置完成之後，這就是狗狗專屬釣竿（若愛犬的體型迷你，也可以用小朋友專用釣竿取代）。在線的另一端綁上一塊夠大的狗狗零食或玩具作為誘餌。

呼叫狗狗，請牠先在花園以坐下的姿勢靜候一會兒，這時候牠的小腦袋一定會開始盤算，究竟是怎麼回事，這有點像待在起跑籠裡蓄勢待發的靈緹犬（Greyhound），即將在接下來的競技中大顯身手！參與遊戲的玩家手中要緊握釣竿，清楚說出遊戲名稱「釣魚遊戲」，在正式甩動食物或玩具誘餌之前，先試一下釣竿，如果沒問題，就可以舞動誘餌，撩撥狗狗的鬥志。但要是牠一舉躍起，幾乎在第一回合就咬住自己的獎品，玩家可以再次舉高釣竿，讓誘餌彈起來。

當狗狗終於咬住自己的零食或玩具時，玩家必須及時按下響片或以口頭讚美獎勵牠優異的表現。如果狗狗沒有一舉咬下誘餌，玩家也要幫忙解下牠最愛的實質獎品，讓愛犬有機會享用美食或把玩牠最愛的玩具。接下來玩家再度呼叫狗狗返回，重新固定誘餌，進行下一回合。欣賞完狗狗精采的演出之後，所有人應該都會被牠充沛的精力所打敗，讓大夥兒回到冷氣房休息一下，喝點冷飲退退火，跟狗狗一起玩釣魚遊戲，可真讓人精疲力竭！

找出線索

跟愛犬一起玩偵探遊戲

這是個非常有趣的家庭遊戲，狗狗除了要靈活運用敏銳的嗅覺，還要動動腦筋，才能追查出藏在家中某個角落的神祕寶箱。

遊戲需求

- 幾位小朋友
- 好幾組標示號碼的線索卡
- 對愛犬健康無虞的零食
- 小型厚紙箱
- 把一個特別的磨牙玩具（給狗狗的）、一條巧克力棒（給小朋友的）放在箱子裡
- 額外需求（沒有也無妨）：訓練用口哨、響片、碼表、小望遠鏡、偵探帽

遊戲步驟

指派其中一位小朋友擔任編劇統籌，同時邀請另一位熱心參與的小朋友扮演偵探的角色；由編劇負責在一疊明信片大小的卡片上寫下一連串的線索，指引另一組成員找到藏寶箱。第一張線索卡上必須明確標示放置第二張線索卡以及狗狗零食的地點，例如卡片上可能會寫著：如果你們走進廚房，試著找找看有什麼不尋常的地方，那可能就是暗號，好運將源源不絕，引領你們走向正確的道路上！這也表示下一張線索卡（當然還有狗狗的零食）將會出現在廚房的收音機旁；接著第二張線索卡上可能會指引這一人一犬的偵探小組走進浴室，獲得下一張線索卡（不要忘記還有狗狗最愛的零食獎品），依此類推。最後一張線索卡上必須載明神秘寶箱所在的位置，裡面藏有豐富的獎品，包含一整塊磨牙玩具和美味的巧克力棒，足以慰勞你們家聰明的寶貝和牠的「福爾摩斯」同伴的辛勞！

一旦編劇統籌藏好了所有的線索卡、狗狗零食和寶箱，接下來就輪到偵探和他忠實的獵犬伙伴上場，將第一張線索卡交給「小小福爾摩斯」之後，再讓他們進入第一個房間，齊心協力為找出線索卡和零食而努力。

這個遊戲也可以用碼表計時，給予這個「小小偵探組合」一小

段合理的時間上限，增加搜尋探索過程的張力，提升遊戲的刺激性。如果他們能在限定的時間內找出所有線索卡、零食和藏寶箱，就算通過考驗，成功達成解密的任務！要是你們家寶貝屬於獵犬（Hound）、指示犬（Pointer）、小獵犬（Spaniel）其中之一，絕對會愛死這個充滿刺激性的偵探遊戲，讓牠得以一展所長！

計分標準

此外，也可以為這個遊戲制定一套計分標準。如果小小福爾摩斯解不出謎題，但狗狗卻已順利找出零食的位置（當然還有線索卡），就算得五分。即使放卡片的地方遠超過狗狗可及的範圍，不過牠還是清楚地指出卡片和零食擺放的地點（務必要利用響片聲、口頭讚美和實質的食物回饋讓牠知道自己已成功達成要求），再幫狗狗加上額外的十分。除了上述計分方式之外，只要每找出一個定點，就能得到一分。

救命！

拯救迷途羔羊

家中寶貝是否具備成為高山搜救犬或地震救難犬的資質？這個遊戲就能作為驗證，看看狗狗有沒有這方面的潛能，搞不好能把牠出借給打火英雄，讓牠有機會拯救陷於危難的災民！

遊戲需求

- 幾位小朋友
- 準備一些比較乾淨的回收物，像是厚紙箱、舊衣物
- 狗狗專用柵欄或牽繩
- 對愛犬健康無虞的零食或肉質磨牙玩具
- 額外需求（沒有也無妨）：訓練用口哨、響片、碼表

遊戲步驟

剛開始先選一位自願者扮演災民的角色，偷偷溜到花園或樓上臥室，躺下來假裝自己陷入絕望的窘境。不管他躲在哪兒，另一位扮演搜索隊成員的伙伴都要幫忙布置現場，用一些舊衣物或比較乾淨的回收物蓋在災民上面，提升搜救難度。在前置作業就緒之前，可以用柵欄或牽繩限制狗狗的活動範圍；一旦災民準備好之後，輕輕拍一下狗狗，並以零食激勵牠的鬥志，接著再讓牠開始行動。

擔任災民的玩家，必須要善盡職責，遊戲一開始就要呻吟呼救：「救命啊！我被困住了！」盡可能用痛苦驚慌的聲調，假裝自己急需幫忙。最好以高頻的聲調呼救比較能吸引狗狗注意，對牠們而言，這種聲調屬於無害的區間，表示懇求外援或需要進一步搜索。如果你有使用訓練口哨的習慣，先以哨聲讓狗狗集中注意力，接著再釋放家中的「靈犬萊西」，目送牠踏上遠征的旅途。狗狗可能會知道這不過是個遊戲，然而牠也可能信以為真，認為自己所屬的人犬族群正遭逢變故，有一位成員急需牠的協助。

跟著愛犬的腳步，一路上多多鼓勵牠英勇的表現，當牠選對路徑時，更要大聲幫牠加油。如果牠順利達成解救災民的任務，務必要以響片聲和口頭讚美作為正向回饋。隨著時間漸漸往前推移，擔任災民

的玩家也要慢慢降低呼救聲量，呢喃低語，假裝氣力用盡那一刻，再也喊不出任何聲響，周遭環境陷入完全靜默的低氣壓……接下來狗狗勢必要加緊腳步往前衝，如果動作太慢，可能無法解救災民、挽回即將降臨的悲劇。

當狗狗定位出即將斷氣的災民所在位置，其他人一定要在旁邊加油吶喊，鼓勵牠撥開垃圾或舊衣物，在最短的時間內突破重圍。但如果牠看起來毫無頭緒，不知該作何反應，或許可以請假裝災民的玩家再加把勁，發出一長串呻吟，甚至踢腿掙扎，這樣狗狗比較能進入狀況。一旦狗狗搜救英雄終於找到災民、拯救他的生命，對方也必須輕輕拍拍牠，以肉質的磨牙玩具當作謝禮，整齣狗狗搜救紀錄片到此告一段落圓滿落幕！此外，也可以用碼表計時增加遊戲的挑戰性，看狗狗能否在限定的時間成功達成任務。

炸彈拆除大隊

滴答滴答，炸彈爆炸前的倒數計時

在狗狗毛茸茸的外觀底下，是否隱藏了英雄的靈魂？這個遊戲就可以證實上述理論，看愛犬如何與時間抗衡，成功保住所有家族成員的性命！

遊戲需求

- 幾位小朋友
- 煮蛋用的計時器 / 行動電話
- 味道強烈的肉質磨牙玩具
- 厚紙箱或比較堅固耐用的包裝紙
- 狗狗專用柵欄或牽繩
- 額外需求（沒有也無妨）：訓練用口哨、響片、細繩

遊戲步驟

指派至少一位小朋友擔任炸彈搜尋小隊成員，另一位小朋友擔任炸彈客，肩負藏炸彈的任務，給他一個煮蛋用的計時器，就像炸彈的倒數計時器一樣，設定的時間至少十分鐘以上（也可以使用行動電話的鬧鈴功能）。把計時器和狗狗最愛的肉質磨牙玩具放進中型紙箱，或是用包裝紙包起來，假裝成炸彈的樣子。如果家中愛犬就像福爾摩斯的偵探小說《幽靈犬》（The Hound of the Baskervilles）一樣，紙箱或包裹就不需要綁太緊，稍微用繩子纏一下就可以了。

剛開始，炸彈搜尋小組要把紙箱或包裹先拿給狗狗看過，輕輕靠近牠的耳朵，讓牠聽聽看裡面的滴答聲，接下來再將狗狗關在柵欄或用牽繩限制牠的行動範圍。隨後再將炸彈交給炸彈客，由他負責把炸彈藏在隱密的地點。

第一次玩這個遊戲時，因為狗狗還在學習階段，藏箱子或包裹的地點最好明顯一點，不要太難找。等牠熟悉了之後，再選擇一些比較難發現的位置。

一旦炸彈拆除小組的所有成員都就定位，再將狗狗放出來（如果你有使用口哨的習慣，可以藉由哨聲作為遊戲開始的訊號），負責帶領大家的領隊必須對狗狗下達「找出炸彈」的指令，並一再強調「炸彈」這個字眼，以加深狗狗印象，

讓牠能夠連結這個特殊的發音和整個遊戲內容。

若愛犬出師不利，找錯方向，你要記得叮嚀領隊，請他吹哨提醒狗狗，導引牠往正確的方位前進。如果狗狗找對地方，務必要一再重複「找出炸彈」這幾個單字，並且要以響片聲和口頭讚美獎勵牠優異的表現。

只要狗狗一靠近假炸彈，就要用口頭讚美多多鼓勵牠，等牠終於發現假炸彈的行蹤，先讓牠試試看，究竟要花多久時間才能打開紙箱或包裹。第一次玩這個遊戲時，牠可能需要幫手協助（如果你有用細繩固定，一旦狗狗咬開繩子之後，記得要把繩子拿開，避免牠誤食）。要是自家的救難英雄只顧著品嚐肉質磨牙玩具，你千萬別忘記關掉鬧鐘的定時裝置。當炸彈拆除小組成功達成任務、解除爆炸危機之後，大夥兒就可以休息一會，吃點心慶祝一下。既然你已經被解救，小朋友的精力也被消耗得差不多了，暫時喘口氣，讓耳根子好好休息一陣子吧！

贓款到底在哪兒？

獎金正在等著你

誰能找到當地搶案的贓物，將可獲得一份豐厚的謝禮。你們家寶貝會是福爾摩斯的最佳助手嗎？牠能幫忙指引贓款所在位置嗎？

遊戲需求

- 幾位小朋友
- 給小朋友的糖果或小玩意兒
- 味道強烈的肉質磨牙玩具
- 厚紙箱或比較堅固耐用的包裝紙
- 把報紙疊起來，裁成紙鈔大小，一疊疊綑起來假裝成鈔票
- 狗狗專用柵欄或牽繩
- 額外需求（沒有也無妨）：訓練用口哨、響片、細繩

遊戲步驟

這個遊戲和「炸彈拆除大隊」（請參閱66頁）非常類似，不過這次搜尋的標的物並不是炸彈，你們家的「超級神犬」和牠的年輕夥伴們必須同心協力，定位出搶匪藏贓款的位置。整個遊戲的門檻很低，不管在室內外都可進行，尤其是家中年紀較小的成員特別喜歡玩，連童心未泯的大人們都會上癮。將參與遊戲的人分成兩組，一組負責藏、一組負責找，等下一回合，角色再對調。

準備一小包糖果或小型玩具，還有一塊特殊的肉質磨牙玩具，拿出一疊舊報紙，裁成紙鈔大小，綑起來假裝成鈔票；把這些東西一起放到紙箱裡，或用包裝紙包一包。請扮演搶匪的小組拿著紙箱或包裹給狗狗看一眼，之後再用柵欄或牽繩限制牠的行動範圍，讓牠不能踏出家門一步。

由搶匪小組選一個適當的地點把假贓款塞到裡面，或直接丟到花園的某個角落。第一次進行這個遊戲時，藏紙箱或包裹的位置可以稍微明顯一點，等狗狗進入狀況之後，再挑選一些難度比較高的定點藏東西。

等一切就緒之後，搜尋小組和「家庭警犬」都準備妥當，再把狗狗放出來（如果你有使用口哨的習慣，可以用哨聲作為展開遊戲的訊號），請搜索小組成員對狗狗下達「找出贓款」的指令，

並一再強調「贓款」這個字眼，以加深狗狗印象，讓牠能夠

連結這個特殊的發音和整個遊戲內容。

如果搜尋小組和狗狗需要一些線索，可以藉由哨聲指引他們朝正確的方向前進。如果狗狗找對地方，務必要一再重複「找出贓款」這幾個單字，並且要以響片聲作為正向回饋。

只要狗狗一靠近藏東西的地點，搜索小組成員就要努力幫牠加油，等牠終於發現假贓款的行蹤，先讓牠試試看，究竟要花多久時間才能打開紙箱或包裹（如果你有用細繩固定，一旦狗狗咬開繩子之後，記得要把繩子拿開，避免牠誤食）。當狗狗正忙於享用肉質磨牙玩具時，你也別忘記多用口頭讚美或響片聲讓牠知道自己的表現有多棒！其他小朋友的努力當然也不會白費，彼此都能獲得一些實質的獎勵；此外，大家也可藉這個機會動動腦，看看怎麼利用這筆天外飛來的獎金！

搜尋同伴

有人躲在那兒嗎？

就算是最可愛溫馴的小狗狗也喜歡有點刺激的遊戲。假如你們家寶貝不是天生逞兇鬥狠的好戰分子，那這個搜尋遊戲絕對很適合牠！

遊戲需求

- 幾位小朋友
- 狗狗專用柵欄或牽繩
- 對愛犬健康無虞的零食
- 狗狗專用玩具
- 給小朋友的糖果或小玩意兒
- 額外需求（沒有也無妨）：訓練用口哨、響片

遊戲步驟

如果家中寶貝屬於警衛犬，那這個遊戲就不太適合牠玩，要是牠有過動傾向，參與這類型遊戲，也會導致一些反社會的偏差行為。若狗狗根本沒有上述問題，平常都很放鬆，表現非常沉穩，就能藉由這個遊戲讓牠學習，如何搜尋躲在家中或花園的特定對象。

指派一位小朋友先躲起來，躲藏的地點室內外不拘，任何一個角落都可以。在前置作業尚未就緒之前，先用柵欄或牽繩限制狗狗的活動範圍。等一切準備好之後，先輕拍狗狗一下，給牠一小塊零食，再佐以低頻的「狼嚎聲」提振精神，幫狗狗指點出正確的方位。對著牠宣布這個遊戲的名稱「搜尋同伴」，緊接著再次發出「狼嚎聲」，直到狗狗以吠叫聲作為回應。這只是為了增添遊戲的趣味性，頂多一次，如果鬼叫太多次，可能會有擾鄰之嫌。最後再放出狗狗，讓牠展開尋人任務。

如果愛犬並不擅長搜索，或許可以請躲藏在暗處的小朋友出聲幫忙，讓牠可以循聲找到對方。當「家用警犬」已經定位出同伴的位置時，千萬不要忘記以口頭讚美和響片聲作為正向回饋；被找出來的同伴也要給狗狗玩具和一些零食，讓牠明白自己並沒有惡意。不管你相不相信，狗狗真的能辨別訓練、玩樂和真實事件之間的差異。為了慶賀大夥兒順利完成這齣狗狗萬里尋人的戲碼，可以給小朋友一些糖果和小玩意兒當作獎品。

狗狗專屬甜甜圈

神奇的圈圈遊戲

這個遊戲正適合家中有過動傾向的寶貝。如果室內氣氛剛好有些沉悶，只要準備狗狗的甜甜圈玩具和一些簡單的配備，原本死氣沉沉的一夥人，馬上精神振奮、生龍活虎！

遊戲需求

- 硬質橡膠製狗狗甜甜圈玩具
- 一小段質地柔軟的繩子、曬衣繩或可伸縮跳繩
- 幾位高度差不多的小朋友
- 對愛犬健康無虞的零食
- 糖果或小玩意兒
- 額外需求（沒有也無妨）：訓練用口哨、響片

遊戲步驟

用繩索穿過狗狗的甜甜圈玩具，請參與遊戲的小朋友分別拉住繩索，彼此之間相距2公尺左右（6½呎），只要其中一位小朋友拉高繩子，甜甜圈就會往下滑，這樣一來，每個人都可以控制甜甜圈的走向，前進後退，在繩索上來回遊走。剛開始先花點時間練習這個部分。

正式展開遊戲之前，要先調整繩索的高度，不能超過狗狗身高的兩倍，或者差不多狗狗後腳站立的高度。小朋友可能需要稍微調整姿勢，或站或跪，才能配合狗狗的體型。他們也不能把繩索舉太高，這樣一來狗狗根本搆不到。

當小朋友已經學會如何操控，讓甜甜圈在繩索上來回遊走，接下來就可以放出狗狗，讓牠追著甜甜圈跑來跑去。只要狗狗一咬到甜甜圈，所有人必須放下繩索，並給牠一塊零食作為獎品。如果小朋友碰到甜甜圈就算出局，由其他人取代他的位置。留到最後那些小朋友，每人都能獲得一些糖果和小玩意兒作為獎品。

計分甜甜圈遊戲

你也可以開發一套計分方式，當狗狗碰到、咬住甜甜圈，或是甜甜圈碰到小朋友時，狗狗就算得分；一旦繩索碰到地面，狗狗就能馬上擁有獨占甜甜圈的磨牙快感。

幽靈遊戲

抓住狗狗幽靈

當學校放假期間，你卻苦無對策，不知如何安置家中小朋友，或許可以偷懶一下，打開電視，任由他們坐在客廳打發時間。然而如果你想稍微做些改變，不如試試這個遊戲，儘管很簡單，卻很刺激，只要大家發揮一點點想像力，幫沉穩友善的愛犬變裝，馬上能激起每個人參與遊戲的興趣，把無聊的電視節目完全晾在一邊！

遊戲需求

- 幾位小朋友
- 老舊的白色床單或枕頭套（大小依狗狗體型而定）
- 對愛犬健康無虞的零食和一小條肉乾
- 給小朋友的糖果或小玩意兒

遊戲步驟

如果不是萬聖節前夕，也沒有下雨，那就可以在幽暗的戶外空間進行這個遊戲。否則就要在小朋友睡前一小時左右，請他們負起責任，整理地板上散落一地的玩具，清出一小塊空間，這樣才能進行這個幽靈遊戲。

把床單和枕頭套剪開，裁成適合狗狗的大小，你可以試著回想一下中古世紀競技比武時，騎士跨下坐騎身上披的外掛，或許能讓你有些啟發！鋸齒狀的下襬，絕對會強化鬼魂駭人的程度。如果狗狗很順從，一點都沒有反抗的意思，你還可以加上頭罩，在上面預先打洞，讓狗狗的耳朵、鼻子和眼睛都能露出來；要是你嫌麻煩，直接剪個大洞，只要狗狗的頭可以穿過即可。

先餵這隻可愛的「幽靈」幾塊零食，讓牠知道自己扮演的角色——重量級幽靈即將登場。接著再帶牠到室外或事先已經整理過的空間，把燈關掉，牢牢抓著牠，不要讓牠亂動。

然後請參與遊戲的小朋友到室外或房間裡，以靜悄悄的方式四處移動，彼此不能隨意交談。

一旦準備就緒，再放出那個友善的「幽靈」，當牠的鼻子碰到某個小朋友時，對方也變成鬼，必

須回到室內或坐在房間角落；這時候你也必須叫回狗狗，給牠一小塊零食作為獎勵。如果所有小朋友都被牠抓到了，再將燈打開，或者你們一起回到室內。

既然那隻可愛的小「幽靈」已經達成使命，千萬不要忘記給牠最後的肉質零食獎品，也要給小朋友一些糖果和小玩意兒作為答謝。

如果大家都玩上癮了，不管是小朋友或狗狗都不願意停手，也可以稍微修改一下遊戲規則，每個小朋友必須被狗狗的鼻子碰到三次才算出局；然而遊戲期間務必要小心監控，千萬別讓任何一方過度興奮或精疲力盡。

任何一隻溫和順從的狗狗都很適合玩這個遊戲！

走船舷跳海的海盜式懲罰

海盜專屬遊戲

船長和他的愛犬將無法通過考驗嗎？他們必須一起走向船舷接受跳海的處罰嗎？你們家小朋友能夠躲過炸彈攻擊，成功贏得寶藏嗎？試試看這個遊戲，預知詳情，留待最後分曉。

遊戲需求

- 一塊稍微寬一點的木板和木料
- 準備一個藏寶箱，裡面裝有狗狗最愛的零食和小朋友喜歡的糖果或小玩意兒
- 幾位年紀大一點的小朋友
- 幾顆質地柔軟的球
- 用來當作監獄的替代用柵欄
- 額外需求（沒有也無妨）：訓練用口哨、響片、碼表、眼罩、上面有骷髏頭的海盜旗

遊戲步驟

選一處適當的戶外空間，作為競賽的場地。在旁邊堆幾個木箱或木料，上面架起一塊木板，高度低一點、安全一點，就像跨在船舷的跳板一樣。此外，將附近某個區域劃定為監獄。

由你來扮演船長的角色，負責守護藏寶箱，裡面裝有狗狗最愛的零食和小朋友的獎賞。只要你一聲令下，就可以展開遊戲！

所有參與遊戲的小朋友都是想要奪取寶藏的海盜，遊戲一開始，大家都要待在競技區，從一端跑到另一端，小朋友們可以用比較有趣的方式鼓勵狗狗，讓牠跟著大家一起跑，不過還是要盡量避免被牠的鼻子碰到，否則就算出局，必須待在監獄區。

此外，這群小海盜們也要閃避你的飛球攻勢，一旦被球打到，就算出局，一樣也要待在監獄區（如果狗狗被球打到，則沒有任何處罰）。

前有飛球，後有追兵，面對你們凌厲的攻勢，小朋友的移動速度有多快？他們躲得過第一波球雨攻擊，面對第二波惡犬追逐戰，該如何閃避？如果遊戲終了，有人僥倖存活，就算海盜那方獲勝，身為船長的你必須和狗狗一起走上船舷，接受走船舷跳海的海盜式懲罰。那

些沒有被關到監獄的小朋友，則可以打開藏寶箱，不過他們還是要跟狗狗一起分享裡面的寶藏，讓辛苦的牠也得以享用美食。此外，別忘了提醒打贏勝戰的海盜們放出被關著的同夥，並分給每人一小塊糖果，慰勞大家的辛苦！

每回合持續的時間都不要太長，避免狗狗過度興奮。盡量不要讓年紀太小的家中成員參與這個遊戲，他們的自制力比較差，一旦High起來，可能會戲弄狗狗、甚至欺負牠。

狗狗專屬密室

休息時間，閒人勿擾！

愛犬也需要自己專屬的私密空間，遠離人類喧囂忙碌的生活步調，享受獨處的寧靜。如果狗狗已經和小朋友玩過一連串新奇的遊戲，讓牠喘口氣，好好休息一番吧！

遊戲需求

- 愛犬專屬狗窩
- 裝水和食物的碗
- 收音機
- 室內狗籠和毯子
- 舊衣物
- 狗狗專用玩具
- 裝有食物的填充式玩具或磨牙玩具
- 對愛犬健康無虞的零食
- 狗狗專用柵欄

遊戲步驟

狗狗在自然環境下，屬於穴居動物；就像牠們的狐狸近親一樣，習慣挖洞作為自己和幼仔的掩體。居家寵物有時也會有上述需求，在派對慶典期間，最好能為愛犬找個休憩的地方，讓牠比較有安全感。家中小朋友也必須理解那是狗狗專屬的休息區，任何人都不能打擾牠。

把狗狗的小狗窩安置在家中比較小的空房間或儲藏室裡，也要一併放上水和食物碗，以確保牠飲食無虞；為了怕牠無聊，可以在旁邊擺一台收音機，轉到談話頻道。

狗窩可用一個箱子或室內用狗籠，上面蓋一條毯子，假裝成洞穴的樣子。如果家裡沒有這些東西，也可以用旅行袋，或是找一個結構穩固的厚紙箱，把一面割開，當作出入口。千萬不要用狗狗的外出提袋，要是你曾經把牠裝在裡面，帶牠去獸醫院，這可能會讓牠產生負面聯想。在你幫狗狗佈置的秘密基地裡，最好放一件沾滿你身上味道的衣物，像是你曾經暫時穿去運動的服飾等。讓狗狗聞一聞你特有的氣味，這就是愛犬專屬的「舒適牌毛毯」。

剛開始你要和狗狗一起走進你為牠佈置的秘密基地，在那兒站一會兒，撿起一件牠的玩具，故作誇

張地發出一些聲響，假裝你很興奮像撿到寶一樣。留一點時間給愛犬，任由牠去探索那個空間，選一個書中列舉的簡單遊戲，跟牠小玩一下，像是填充食物玩具、磨牙玩具，你也可以藏一些食物零食，讓牠更親近四周環境。

接著再帶愛犬離開房間，走入花園，在室外停留一陣子，隨後讓牠再回到室內，看牠是不是逕自走到剛剛那個房間，到處搜尋食物，用鼻子探索牠未來隱身的洞穴。當狗狗還沒熟悉整個環境之前，最好不要在牠身邊走來走去。

如果家中沒有多餘的房間，也可以利用樓梯下方的閒置空間，或暫時清空一個大廚櫃，以因應狗狗可能無法參與的特殊節慶，像是聖誕節等。

想要成功打造狗狗專屬密室，最重要的關鍵在於千萬不要強迫愛犬；狗狗屬於社群動物，對於任何好玩的事物，都想要參一腳；如果賓客一到，就把牠硬塞到籠子裡，這樣反而會讓牠產生挫敗感。因此，最好能在特殊慶典或活動前一週預作準備，多鼓勵狗狗進到牠專屬的祕密空間，讓牠把那個地方當作自己的避難所。此外，也可以善用狗狗專用柵欄，這樣一來不會完全阻絕狗狗接觸外面有趣的社交活動，如果直接把籠子關上，感覺會比較疏離，容易產生反效果。

動動腦遊戲

正確的玩具

這是對的那個嗎？

這個遊戲主要和聽覺視覺之間的連結有關，狗狗必須學習如何遵從口語命令，從牠的玩具箱中拿出一個特定的物件，親朋好友們一定會因為牠的聰慧而大吃一驚！

遊戲需求

- 狗狗專屬玩具箱
- 外型截然不同的 3 個新玩具
- 對愛犬健康無虞的零食
- 額外需求（沒有也無妨）：訓練用口哨、響片

遊戲步驟

盡可能先帶狗狗出門散步一會兒，讓牠發洩多餘的精力，稍事休息過後，拿出你為牠準備的新玩具箱，裡面裝 3 個嶄新的玩具。展開遊戲之前，先對狗狗宣布遊戲名稱「正確的玩具」，這樣牠才能把這幾個字的發音慢慢記憶在腦海裡。

下一階段的主要任務，是要教導狗狗這個遊戲需要使用哪幾個玩具。首先，把愛犬叫過來，並下達「坐下等待」的指令，以口頭指令或響片聲作為正向回饋，讓牠先集中注意力。拿出其中一個玩具，再告訴狗狗這個玩具的名稱，最好選擇簡單一點的字彙，如果是圓形的，就直接跟狗狗說「球」，務必要字正腔圓、一再反覆，雖然不能直接拿給牠玩，但一定要讓牠看個仔細。

接著把球滾出去，再要求狗狗「撿回球」。當牠順從地叼起那顆球，再召喚牠回到你身邊，當牠乖乖地打開嘴巴，讓球落在你的手心，記得要用食物獎勵牠優異的表現。重複上述步驟，一共進行 3 次，接著再把球放回箱子裡。

然後再從箱子裡拿出另一個繩索或拔河玩具，你可以隨便取個名字，像「拼布玩具」等，把東西拿給狗狗仔細看清楚，並一再重複物件名稱。然後再將玩具丟出去，對狗狗下達「撿回拼布玩具」的指令，一旦牠成功把東西送交你手上，務必要以食物作為獎勵。重複

上述步驟，一共進行 3 次，接著再把球放回箱子裡。剩下第 3 個玩具，也是採用同樣的手法處理。然後再將所有玩具拿開，讓狗狗中場休息一個鐘頭。

進入最後階段之前，先從剛剛的 3 件玩具中選出其中之一，球或其他 2 樣都可以，然後再準備一塊重口味的狗狗零食，在選出的玩具上來回擦拭，讓上面沾滿食物的味道。接著把 3 件玩具放在地板上，距離狗狗約 2-5 公尺遠（6½-16 呎），每件玩具間隔一個手臂的寬度。

對著狗狗說出你剛剛標記過的玩具名稱，如果你選的是球，就下達「撿回球」的指令。聰明的愛犬當然會對充滿食物味道的那件玩具特別感興趣；一旦牠依照你的計畫行事，記得要用口頭讚美或響片聲讓牠知道自己做對了。若是狗狗成功咬回正確的物件，也要稍微小題大作，好好鼓勵牠一番。如果狗狗搞錯了，記得要提醒牠：「錯！」同時轉身不理牠。

下一次再進行這個遊戲時，選擇其他玩具作標記，要求狗狗把那個玩具當作標的物。只要牠記得每個玩具名稱的發音，之後就能要求牠從箱子裡拿出你所指定的物件。牧羊犬（Collie）類型的犬種特別擅長這種尋回遊戲，有些甚至能記憶超過 30 種玩具的名稱！

沾滿味道的衣物

聞起來好熟悉！

嗅覺系犬種應該會特別喜歡玩這個遊戲，因為牠們可以藉機發揮自己敏銳的嗅覺，而且遊戲並沒任何限制，不管什麼狗狗都能很快上手！

遊戲需求

- 舊的棉質衣物
- 麥克筆
- 對愛犬健康無虞的零食
- 額外需求（沒有也無妨）：訓練用口哨、響片

遊戲步驟

準備一些舊的棉質衣物，剪成手帕大小的方巾（實際尺寸可依犬種調整），用麥克筆在上面標示1到6（或者多一點也無妨），讓你能辨別其中差異即可。隨便抽一條出來，在你的腋下大力抹幾下，整塊方巾就會沾滿你的味道。如果愛犬與家中某人特別親近，在訓練初期也可以用他的味道取代。

限制狗狗的活動範圍，不要讓牠看到你在做什麼，把幾條沒有標記的方巾鋪在地上，拿出沾了味道的方巾給狗狗聞一聞，然後再參雜在沒有標記的方巾裡，整個過程都要在狗狗視線範圍外進行。

幫狗狗繫上牽繩，對牠下達「坐下」的指令，離你剛剛鋪方巾的地方不要太遠。一旦萬事就緒，就讓狗狗去「找出方巾」（最好以口頭讚美和響片聲鼓勵牠）。如果狗狗對那塊「充滿味道」的方巾很感興趣，一直聞來聞去，再一次以口頭讚美和響片聲作為正向回饋。

然而要是狗狗聞遍所有方巾，卻沒有對那塊特殊的方巾多作停留，你只好再把牠叫回來，帶牠回到原來的地方，重複上述步驟。若狗狗很快挑出正確的方巾，並叼回你身邊（可利用響片聲強化狗狗遵循指令的動機），你要故作吃驚狀，多拿幾塊零食好好獎勵牠一番。這種訓練能夠提升愛犬的服從性，讓牠從一堆看似相同的物件中，從中選出你要的；此外，整個過程狗狗也能充分發揮自己最具優勢的嗅覺感官！

算術

到底是多少啊？

藉由聯想的方式，不但能讓狗狗學會算術，又能強化記憶，加深牠對基本訓練的印象。你可以試著想像一下鄰居臉上的表情，你們家寶貝居然會算數，知道自己已經吃下幾塊狗餅乾！

遊戲需求

- 對愛犬健康無虞的零食
- 額外需求（沒有也無妨）：訓練用口哨、響片

遊戲步驟

把獎賞作為誘因，絕對能大幅提升愛犬的學習意願，讓狗狗心理產生正面聯想，這也是一般所認知的以獎賞取代處罰的學習型態。

準備一塊狗狗的零食，放在地上，並對牠下達「等待」的指令。對著狗狗清楚地說出「1」這個數字，在過程中牠必須先乖乖坐著等你下一個指示（也可以用牽繩限制牠的活動範圍），再次強調「1」這個字，接著下達「OK」的指令，之後才能讓狗狗享用美食。一再重複上述步驟，至少要持續幾天，以確保狗狗能由「1」這個字的發音聯想到單一零食。

進入下一個階段時，在地上放兩個零食，並清楚地說出「2」這個數字，狗狗剛開始可能丈二金剛，腦袋歪向一邊，試著理解你的用意。同樣地，你還是要先下達「等待」的指令，再次強調「2」這個字眼，並下達「OK」的指令，然後才能讓牠享用眼前的兩塊零食。

在接下來幾天，隨機進行兩塊零食的測試，之後再回到「1」，看看狗狗是否能成功地通過考驗，只吃掉一塊零食，然後再看著你，等你接下來的指令（如果你有使用響片，可以用喀噠聲讓狗狗知道自己已經完成使命），不過狗狗也可能不知道整個測試的用意，四處張望尋找另一塊零食。

在接下來 1、2 天，一再重複單一零食的測試，然後再回到兩塊零食那個階段，以確保狗狗真的理解數字發音和正確零食總數之間的

關連。每次對狗狗說出一個新數字時，務必要從容而緩慢，牠當然不可能真的理解數字的含意，整個過程不過是要讓牠清楚地聽到數字的發音，並聯想到你所給的零食數量。一定要確定狗狗已經聽清楚每個數字，並且能連結到相關的零食數量。事實上，狗狗真正聽到的數字發音應該是「1 ——」、「2 ——」、「3 ——」，每個音都拖得很長。

尋回遊戲

如果狗狗能做到的話，真的太棒了！

你和愛犬都會因為這個簡單的遊戲而大笑開懷！人類最忠實的朋友隨侍在側，樂於為您提供任何服務，不管是報紙、信件、鑰匙、拖鞋，只要你一聲令下，牠馬上把東西叼來給你。

遊戲需求

- 報紙、信件、鑰匙等
- 幾位親友
- 對愛犬健康無虞的零食
- 額外需求（沒有也無妨）：訓練用口哨、響片

遊戲步驟

一旦愛犬抓到這個遊戲的訣竅，接下來將很樂於為你服務，再加上如果每次都能從你那兒拿到一點好處，牠更不會錯過這個享用美食的好機會！

選一樣狗狗可以輕鬆咬住的物件，像是捲起來的報紙、信件、家裡的備用鑰匙等。如果你所選用的是報紙或信件，或許可以找個幫手假裝郵差，模擬出真實的場景讓雙方都更容易融入遊戲中。

召喚家中寶貝來到你的身邊，當你們聽到假郵差投擲報紙或信件的聲音時，對著狗狗詢問：「那是什麼？」並且給牠一塊零食，如果你有使用響片，也可以用喀噠聲讓狗狗更專注。

對狗狗下達「尋回」的指令，並且跟著牠一起走向玄關，拿起報紙或信件，請牠幫你咬著，然後跟牠一起走回椅子邊。接著你再坐下，對狗狗下達「坐下」的指令，並請牠把東西給你，隨後再以一塊零食作為交換（只要狗狗成功達成使命，每次都要用喀噠聲作為正向回饋）。一再重複上述步驟，每小節大概玩個幾次即可，每次遊戲之間最好留一些空檔。

挑選另一個黃道吉日，再上演一次同樣的場景，當郵件送達之後，用清晰的語調詢問狗狗：「那是什麼？」如果牠看著你，等待下一個指示，你就可以下達「尋回」的指令。要是牠馬上走向玄關，你記得要備妥零食獎品；不過牠也可能嘴巴空空，直接從玄關走回你身邊，這時候你要再次

下達「尋回」的指令。在遊戲初期，你可能需要陪愛犬一起走到大門，經過幾次訓練之後，牠才能理解整個遊戲的目的。

同樣的手法也可以應用到其他日常生活用品上，有些狗狗愛死這個遊戲，但有些根本丈二金剛，完全摸不著頭緒。

當電話聲響起時

誰打來的呢？

在某些情況下，你可能聽不到電話聲，藉由這個遊戲把家中寶貝訓練成電話祕書，提醒你有人打電話來了，輕輕鬆鬆就能解決這個難題。

遊戲需求

- 邀請一位親友協助
- 行動電話、微波爐或烹調計時器
- 對愛犬健康無虞的零食
- 額外需求（沒有也無妨）：訓練用口哨、響片

遊戲步驟

這個遊戲可能會引發擾鄰的狗吠聲，如果家中寶貝屬於天生的「愛吠一族」，最好不要輕易嘗試。然而要是愛犬生性沉穩，或許可以藉由這個訓練學習如何引起你的注意，當電話一響，只要牠吠一聲，就能通知你有人打電話來了。整個遊戲也是以獎勵的方式激發狗狗學習動機，剛開始先用手機測試一下，因為大部分手機都附有各種鈴聲可供選擇，在訓練期間可以試試看狗狗對哪種鈴聲比較有反應。

先邀請一位親朋好友作為遊戲助手，當他待在你家期間，依照你發出的訊號撥打你的手機號碼。一旦電話鈴響，你要吹哨（如果狗狗曾接受哨聲訓練）並召喚狗狗，給牠一塊零食。緊接著你要完全忽視牠，五分鐘之後再次重複上述步驟。不過這一次稍微有點改變，在牠來到你身邊之後，你要以低吠聲招呼牠，要是牠也回吠一聲，再給牠一塊零食。

重複上述步驟，然而這一次不要吹哨，看狗狗會有什麼反應。如果電話鈴響，牠馬上跑到你身邊對著你叫，務必要用零食和口頭讚賞「好孩子」作為回饋。

透過訓練，愛犬很快就能抓到訣竅，當你到後院倒垃圾、沖澡、或正享受音樂環繞的快感，牠會第一時間通知你，讓你知道有電話找你。此外，這個遊戲也可以應用到家中其他聲響，像是微波爐或烤箱定時裝置的響鈴聲。

P990i

有人站在大門口

飼主專屬預警系統

訓練愛犬沉穩地面對站在門口的陌生人，讓你預先知道有人造訪；就算你走到花園或小睡片刻，也不用擔心聽不到門鈴聲。

遊戲需求

- 邀請一位親友協助
- 對愛犬健康無虞的零食
- 額外需求（沒有也無妨）：訓練用口哨、響片

遊戲步驟

讓愛犬學會如何分辨家人和陌生人之間的差異，是居家安全非常重要的一環，只要交代親朋好友以敲門取代按門鈴，家中寶貝就能輕易辨識來訪者到底是熟客還是素無交情的第三者。

為了讓遊戲能順利進行，必須邀請一位親友扮演不速之客，在預先排定的時間來訪並敲門示意。一聽到敲門聲，你便要詢問狗狗：「那是誰？」接著請牠：「去看看。」

當狗狗走向大門，你要尾隨牠的腳步，並保持一定的距離。接著下達「坐下」的指令，並丟一塊零食給牠，讓牠對整起事件產生正面的聯想。然後你要吹哨（如果狗狗曾接受過哨聲訓練的話），召喚牠回到你身邊，請牠伸出腳掌，再一次問牠：「那是誰？」同時也要給牠另一塊零食。

最後再請訪客進入屋內，由他對愛犬下達「坐下」的指令（最好不要寵溺狗狗、太過熱情），並給狗狗另一塊零食，藉由實質回饋鼓勵狗狗保持沉著冷靜。

多試幾個不同的版本，讓狗狗慢慢進入狀況。一旦牠養成習慣，只要聽到敲門聲，就會直接走到你身邊，舉起腳掌示意。此外，你也可以教愛犬另一個版本，如果門鈴聲響（陌生人），就用吠叫聲示警，與表示敲門聲的舉腳掌動作以茲區別（親朋好友）。

這個遊戲非常實用，尤其當星期天下午，如果你正在午睡休息，碰巧有親戚來訪，想要給你一個驚喜，家中寶貝一聽到敲門聲，馬上叫醒你，讓你有點時間預作準備。這一切都是食物的引誘才能達到這麼好的成效！

整理玩具

地板通通乾乾淨淨！

想要訓練家中小鬼頭將自己的物品整理得有條不紊，似乎是天方夜譚；或許你可以試著先從狗狗身上下手，讓牠先作個好榜樣，學會把自己的玩具放到固定的地方，其他人就再也沒有藉口推託。這是個有趣的遊戲，相信大家一下子就會玩上癮！

遊戲需求

- 幾件狗狗的玩具，參雜1至2個新的
- 狗狗專屬玩具箱
- 對愛犬健康無虞的零食
- 額外需求（沒有也無妨）：訓練用口哨、響片

遊戲步驟

在狗狗視線範圍以外，拿出幾個牠的玩具（包含1、2個新的），放在地板的各個角落；接著再把狗狗玩具收納箱放在後門，裡面先擺幾個舊玩具。吹哨或口頭召喚愛犬來到你身邊。

帶著狗狗走到你剛剛佈置的房間，對牠下達「尋回」指令。你可能需要先撿起其中一個，這樣一來，牠比較容易理解你的需求。一旦狗狗咬住其中一個玩具，再帶著牠走向後門；如果牠逕自待在房間玩，你可以先走到後門，叫牠的名字或以哨聲召喚牠過來。

當狗狗叼著玩具走向後門，你可以拿出一塊零食放在玩具箱上，藉以吸引牠的注意。對牠下達「給我」的指令，狗狗惟有放開嘴巴，讓玩具落在箱子裡，才能獲得零食獎賞。記得要用響片聲或口頭讚美作為正向回饋，並且說出遊戲名稱「整理玩具」，緊接著再給狗狗另一個零食。

在狗狗有機會回想起落下的玩具之前，你要先走回剛剛的房間，吹哨（如果狗狗曾接受過哨聲訓練）召喚狗狗撿起另一個玩具，然後再重複上述步驟。平常最好都把玩具放在箱子裡，讓這個遊戲保持新鮮感，藉此訓練愛犬成為一隻井然有序的乖狗狗！

擦擦腳掌

不要把腳印帶進室內地板！

家中寶貝直接由室外走進客廳，在昂貴地毯上沾滿泥巴腳印，那是很多飼主的共同經驗，似乎也沒有什麼防治法。然而要避免上述情況發生其實一點都不困難，這個簡單的小遊戲就能幫你解決困擾，讓愛犬學習如何快速地把腳爪擦乾淨。

遊戲需求

- 狗狗專用踏墊（可購自寵物用品店）或一般腳踏墊
- 對愛犬健康無虞的零食
- 額外需求（沒有也無妨）：訓練用口哨、響片

遊戲步驟

透過獎勵，藉由遊戲的方式，讓愛犬學習如何自我清潔，當牠從花園進入室內或散步回家時，腳掌在門口踏墊上快速地抹乾淨，這對多數狗狗而言，都不算太難的任務，因為牠們習慣四處小便作記號（遺臭），之後再用腳掌挖土掩蓋，這種腳掌來回摩擦地面的行為對狗狗其實再自然也不過了！

把狗狗踏墊放在後門進來的玄關，如果踏墊材質耐得住日曬雨淋，也可以放在室外。當狗狗待在室外時，召喚牠過來，領著牠走向踏墊。你先做示範，把鞋子踩在墊子上，用力抹幾下。對狗狗下達「站著」的指令，輕柔地抓著牠的前腳，在墊子上來回擦拭，並且清晰地說出「清潔腳掌」這幾個字。務必要多多讚美鼓勵乖巧的狗狗（或是以響片聲作為回饋），當然也不要忘記奉上幾塊香噴噴的零食點心！

清潔了前腳，之後再換後腳，每次做動作時記得都要說出「清潔腳掌」這個指令。只要練習幾次，狗狗就會知道，當牠走進室內之前，如果先擦擦腳掌，就能得到美味的食物獎勵。一旦愛犬學會依照指令擦拭腳掌，你就等著看親朋好友訝異到說不出話的表情吧！

自 High 遊戲

食物方塊

為食物而奮戰！

獨自留守家中的愛犬，再也不會因沒人陪伴而覺得無聊，這個遊戲的自動回饋機制將會讓牠充滿幹勁，想要趕快解解饞！

遊戲需求

- 乾式狗糧（味道越重越好）
- 食物填充方塊玩具（可購自寵物用品店或網路）

遊戲步驟

飼主常因為工作、購物、一些重要約會而必須外出，把愛犬單獨留在家中。當主人不在的那段期間，狗狗大多都會很開心，慵懶地四處閒晃，找個舒適的地方小睡一會兒。但有些個體比較不甘寂寞，情願趴在窗口，看著熙來攘往的真實世界。然而如果你們家寶貝非常黏人，只要你一離開，就覺得無聊又寂寞，甚至有點緊張，那這個遊戲絕對能讓牠快樂一點，不會再被無法排遣獨處的寂寥所苦。

被單獨留在家裡的狗狗，如果讓牠和某種物件產生互動的機會，消磨一點時間，就不會感到無聊。裡面塞滿食物的方塊玩具，對狗狗充滿誘惑又極具挑戰性，比中空的橡膠玩具或單純的食物填充球體好玩多了！這種裝置非常具有彈性，只要調整釋出孔的管徑大小，就能輕易控制遊戲難度，管徑小一點，狗狗就需要花比較多心血，才能獲得裡面的乾糧。

把方塊玩具藏在適當的地點，地毯的角落、狗狗的床底下、桌子底下，不過一部分要露出來，留點線索給家裡那隻對味道充滿好奇的寶貝蛋。絕對不能讓狗狗看到藏東西的過程，慎選時機，不管狗狗待在室外或在房子裡，只要牠把注意力集中在其他事物上，你就可以趁機下手。整個遊戲的精神，就是希望在你離家之後，狗狗會因為這個天外飛來的禮物而大吃一驚！千萬不要在你出門前就把填充方塊玩具直接交給家中寶貝，這可能會讓敏感的牠，把主人外出和收到玩具這兩個事件連結在一起；為了消除牠的疑慮，就算你待在家裡，偶爾也

可以把方塊玩具拿
給牠玩。此外，一
旦你返家之後，就
要把這個玩具收起
來，保持新鮮感！

讓愛犬小忙一下！

把食物挖出來

這個室內遊戲很有趣，有機會讓愛犬和塞滿食物的填充玩具摔角過招，在不需要外援的前提下，依然能挖出一些美味的零食。

遊戲需求

- 半濕式、罐裝或乾式狗糧
- 一個以上的食物填充玩具
- 塑膠花盆或空的麥片紙盒

遊戲步驟

經過努力，愛犬應該很快就能學會如何操控這個簡單的中空玩具，只要把舌頭伸進洞裡狂舔，就可以得到牠最愛的食物獎品。整個裝置既簡單又實用，當你在家卻無暇陪伴狗狗，或所有人都外出只剩牠留守家中，這個塞滿食物的填充玩具就能派上用場。

準備一些狗狗平常吃的食物，盡可能塞滿整個玩具，半濕式或罐裝狗糧可以輕易地用湯匙挖，一下子就能填滿玩具中空的內層，如果是乾糧，最好先加點水，調成糊狀，這樣比較容易填塞。為了增加變化性，像製作甜點一樣，也可以調整每一層填塞的材料，加一些優格、乾糧、半濕式狗食，讓食物的口味更豐富。最好塞緊一點，這樣食物才不會漏出來。

當愛犬待在其他房間或花園時，你可以趁機把玩具藏在地毯四周或是牠的床底下，等你一離開，牠就會因為這個天大的發現而欣喜若狂！

在遊戲初期，可以把玩具藏在比較容易找到的地方，往後再逐漸提升難度，選一些難找的地點，像塑膠花盆或空的麥片盒裡。搜尋過程越刺激，越容易激發狗狗對這個特殊玩具的熱情！

食物解凍時間差

冰塊大驚喜

這就像小朋友聽到冰淇淋車的叫賣聲一樣，狗狗對於這個遊戲也會產生相同的反應。隨著天氣慢慢變熱，望眼欲穿的愛犬只能慢慢等待冷凍食物熔解，消磨一點無聊的時光。

遊戲需求

- 塑膠杯或優格瓶
- 對愛犬健康無虞的零食、汆燙過的絞肉或長條形五花燻肉
- 非尼龍材質的細繩

遊戲步驟

這個遊戲需要花點時間預作準備，但只要一次多做幾個「愛犬特製冷凍食品」，放在冷凍庫裡保存，就能隨時拿出來使用。此外，最好在平常養成習慣，把一些塑膠杯、優格罐或類似的容器留起來，以備不時之需。

首先，在杯子裡倒滿三分之一的開水，放進三塊以上的零食（或一些汆燙過的絞肉），再將杯子放進冷凍庫裡；等水結冰之後，再放入另一層的零食（或絞肉），也一樣倒入三分之一的開水，再次放到冰箱；重複上述步驟，直到杯子被塞滿為止。

你也可以選用長條形五花燻肉（稍微用微波爐煮過或生的都可以），把肉塞在杯子裡，一頭垂在杯口，加滿水，再放進冰箱冷凍。

準備1至3個冷凍食物杯，先在杯口附近打洞，用繩子穿過洞打結，另一頭繞到杯底固定，再以樹枝或洗衣繩串起來，調整杯子的位置，讓它傾斜或倒過來，這樣食物才會往下掉。同時也須要注意杯子的高度，不能太低，不然狗狗一躍而起就可以咬下來。當杯子裡面的冷凍食品漸漸融化，狗狗只能在下方張望，打開嘴巴狂舔往下滴的肉汁，整個過程對牠而言應該很有趣！

如果在炎炎夏日玩這個遊戲，愛犬的精神一定為之大振，冰涼的湯汁絕對能幫牠解渴，狂搖尾巴引頸盼望的牠，也會因逐漸解凍、慢慢成形的美味佳餚而興奮不已！不過安全還是第一優先考量，如果你不在家，狗狗也沒辦法進到屋內，最好還是在花園提供一些遮蔽物，以避免愛犬中暑或脫水。

玩具時間

用定時釋出器達成不可能的任務

讓狗狗忙碌一點，無暇顧及獨自在家的寂寞感，最好的工具莫過於高科技食物填充玩具釋出器，藉由定時裝置，分段釋出裡面的填充玩具。守在一旁的愛犬，滿心歡喜，靜待自動控制裝置一點一點打開活塞，讓牠得以享用美食。

遊戲需求

- 附有定時裝置的食物填充玩具（可購自網路）
- 半濕式、罐裝或乾式狗糧

遊戲步驟

如果你真的很寵愛家中寶貝，或許可以考慮買一個附有定時裝置的食物填充玩具，就算你沒辦法陪牠，這個最新的科技產品也能讓愛犬消磨一整個下午的時間，不停地搖尾巴等待。就如同廣告上所宣稱的，它的作用正是「為獨處家中的愛犬，量身打造的家庭娛樂設備」，整個裝置有好幾個小區間，能夠塞進好幾個填充玩具，只要設定好定時器，經過一定時間間隔，裡面的內容物就會一一被釋出。

只要時間到了，這個裝置會發出嗶嗶聲，並釋出其中一件玩具，除了吸引狗狗的注意力之外，這對牠來說也是一種信號，表示一件塞滿美味佳餚的玩具即將會彈出來。愛犬很快就能學會嗶嗶聲所代表的意義，這表示接下來牠就能獲得一件填充玩具。

首先，你要將食物塞滿中空的填充玩具，而且如果你想要讓狗狗的興奮感持續高漲，可以預先將玩具放到冰箱，讓裡面的內容物結凍，像岩石一樣堅硬。接著

再將冷凍過的玩具放到定時釋出器裡面，設定好什麼時間把玩具彈出來。務必要慎選釋出器放置的地點，最好在高一點的地方，遠超過狗狗可及的範圍，不過彈出來的玩具必須安全地落在地板上。經過一番學習，愛犬很快就會理解，只要聽到嗶嗶聲，牠就有機會拿到自己最愛的零食點心！

發出喀喀聲且四處滾動的怪東西

拍打彈丸形狀的異物

運用一點巧思，組合各種食物填充玩具，讓獨自在家的愛犬得以玩一種特別的滾動遊戲。沒有任何得分競爭的壓力，對狗狗來說，激發鬥志最重要的誘因，莫過於香噴噴的零食在填充玩具裡喀喀作響的加油聲！

遊戲需求

- 滾動式食物填充玩具
- 乾狗糧

遊戲步驟

目前市面上有一些堅固耐用的滾動型玩具，專門為在家獨處的狗狗量身打造，就算家裡沒有人，愛犬還是能自得其樂。產品的設計概念很簡單，狗狗只要伸出腳掌或用鼻子推，就能啟動裝置，釋出幾塊乾狗糧。類似的產品非常多樣化，有各種大小和造型，飼主可以根據自己的需求和喜好添購。

把一些食物裝進玩具裡，等狗狗消失在視線範圍外，趁機把玩具藏起來，放在你外出時牠通常會停留的區域，最好不要太難找，像是舊地毯的一角、椅子後方或狗狗的小窩後面（籠子或床）。

就如同其他自我回饋型玩具一樣，惟有愛犬獨處時，才比較有機會玩這些東西，所以藏玩具的過程，絕對要小心，不能讓牠看到，否則敏銳的狗狗可能因此察覺出主人即將外出的徵兆。此外，就算你在家裡，偶爾也可以讓狗狗玩滾動玩具，藉此模糊焦點，這樣牠才不會把獨自留守在家和滾動玩具突然出現這兩個事件連結在一起。

有了幾次經驗之後，愛犬很快就會知道，只要推一下滾動玩具，美味的食物馬上散落一地，讓牠得以享受喀滋喀滋的快感！

拼圖遊戲

愛犬腦力大考驗

拼圖玩具可以提供愛犬一個腦力激盪的好機會！當家中空無一人，獨自留守的狗狗，或許能藉由玩拼圖短暫地享受一下，以自得其樂的方式打發一點時間。

遊戲需求

- 拼圖玩具（可購自網路）
- 對愛犬健康無虞的零食

遊戲步驟

有些新型填充玩具的原理和小朋友開孔式拼圖類似，藉由小方塊上下左右移動，形成一個特定的圖案。把這種玩遊戲的方式應用在狗狗玩具上，只要移動特定幾塊方塊，就可以看到藏在下方夾層的食物，藉此引起狗狗玩拼圖的興趣。

目前這種特殊的拼圖玩具可購自網路，不過你也可以加入自己的創意，製作一件愛犬專屬拼圖玩具。首先，準備一塊不含任何有害成分的木板（例如取自果樹、橡木、櫸木的木材），在上面鑽一排洞，深度要夠，足以放一塊狗狗的零食；另外還要裁切一塊跟基座一樣大小的木板當作拼圖框，把兩塊木板疊合，在上面那塊裁出幾條溝槽，位置剛好落在基座圓洞的兩側，大小適中，讓木製方塊得以上下滑動，就像拼圖一樣。大型犬的力氣大，所以玩具的結構需要結實一點，不然沒玩幾下就壞了。

在狗狗視線範圍之外，偷偷把食物放在拼圖玩具下面的圓洞裡，趁牠不注意，將玩具藏起來。千萬不能讓愛犬看到你藏東西的過程，牠會由這個動作聯想到你離家這件事（平常你在家的時候，偶爾也可以讓狗狗玩這個遊戲，這樣牠才不會把拼圖玩具和獨自留守連結在一起）。愛犬很快就能學會，只要稍微碰一下玩具表面，就可以推動方塊，露出下面的零食。一旦狗狗抓到拼圖遊戲的訣竅，一定會閒不下來，腳鼻並用把上面的方塊移來移去，試試看能否找到更多美味的佳餚！

如果愛犬因為太黏飼主而影響身心發展（犬隻分離症候群/Canine Separation-related disorder），可能不適合玩這種木質玩具；只要飼主一離開，牠就會藉由一些破壞行為發洩情緒，而木質的東西比較不耐摧殘，一下子就報銷了！

藏在網球內的食物

小型犬的食物搜索大樂透！

有些小型犬的牙齒不夠長，沒辦法伸進大型填充玩具裡，玩了一陣子之後，很快就放棄了。然而你也不需要因此過於沮喪，只要把廢棄不用的舊網球蒐集起來，就能自製一些比較柔軟的愛犬專屬填充玩具！

遊戲需求

- 舊網球
- 工藝刀
- 對愛犬健康無虞的零食

遊戲步驟

如果家中有些即將汰換的網球，可以廢物利用，拿來製作狗狗玩具，只要在上面劃幾刀，網球馬上搖身一變，成為愛犬的快樂泉源，足以讓牠興奮好幾個小時。這個遊戲就是基於狗狗愛亂咬的特性，藉由咬網球享受磨牙的快感，

不過這一次牠還可以獲得其他額外的禮物，藏在裡面的零食還能連帶滿足愛犬貪吃的天性！

準備一把工藝刀，在網球上面刻劃出1至2個V型裂縫，用力擠壓球體，翻開V型開口，在裡面塞一些零食。然後在愛犬面前滾動這顆特製的網球玩具，讓牠可以聽到、聞到裡面的零食。

接下來你就可以好好欣賞家中寶貝狂野的演出！牠會把球叼起來往天空拋，就好像它是跳蚤一樣，或者牠會因為裡面的內容物聞起來就像食物，所以一直咬個不停。

一旦狗狗咬夠了，啃光了裡面的食物，你可以把那顆黏答答的網球放到陽光底下曬乾，之後再回收使用。如果愛犬不小心刮傷網球表面，吞進一些橡膠碎屑，對健康並不會造成任何影響。然而要是球體磨損太厲害，你想把它丟掉，那就務必要謹慎，一定要放在安全的地點，以防狗狗誤食。

庭園運動

足球運動

愛犬足球遊戲

透過這個遊戲，愛犬即將學習如何以正統的足球員架勢運球，搞不好牠還能射門得分，打敗對手贏得勝利！

遊戲需求

- 比較耐操耐咬的足球一顆
- 對愛犬健康無虞的零食
- 黃牌和紅牌
- 小型足球網或 2 個足球門柱的標記物，例如紙箱等
- 額外需求（沒有也無妨）：訓練用口哨、響片，一位親友助手

遊戲步驟

狗狗足球賽既簡單又有趣，不過球的選擇要特別小心，一定要適合愛犬的體型或特性。如果太小，牠可能叼著球跑，而不是用鼻子推球前進；如果球體不夠堅固，牠又太過興奮，可能直接把球咬破，這算導致遊戲結束的技術犯規，裁判必須舉紅牌判狗狗離場！

剛開始先教狗狗如何按照你的指令運球（如果愛犬是聖伯納或鬥牛犬，2 次運球的代價是一大塊零食！）或暫停。

當你第一次拿足球給狗狗看時，可以先幫牠繫上牽繩，或請助手幫忙，暫時限制牠的行動範圍。很多狗狗根本不聽指揮或只想阻截鏟球，但還是有些例外，願意乖乖地待在旁邊觀摩學習。你要以身作則，先示範給狗狗看，謹慎地使用口頭讚美和一些零食誘惑增添練習過程的樂趣，讓牠學會根據你的指示動作；如果你有使用響片的習慣，也可以作為輔助性正向回饋，提升狗狗的學習效率。過沒多久，愛犬很快就會知道，如果牠短暫停留之後緊接著運球前進，馬上就能獲得零食獎品。

以哨聲（如果你有使用口哨的習慣）作為遊戲開始的訊號，慢慢運球靠近狗狗，然後停下來；重複上述步驟，不斷前後移動。

接下來，把球放在狗狗面前，作好吹哨的準備，隨即放開牠。如果愛犬無法用口吻部控球，或許牠會試著用鼻子或前腳推球；有些狗狗的準備動作有點像火車過山洞一

樣，前半身穿越球讓球落在身體正下方，用後腳攔截或輕拍，以控制球前進的方向。

為了鼓勵狗狗停止追球的動作，先對牠下達「停止」的指令，如果牠有所回應，就以口頭讚美和響片聲作為正向回饋，並給牠一塊零食。然而要是狗狗緊追著球不放，你就要秀出一張黃牌和美味的零食，給牠看之後逕自走開並收回食物。

射門得分！

一旦狗狗學會運球的訣竅（你可能需要多點耐心），接下來就可以進入下一個階段，試著訓練牠導球入網、射門得分（可以用真的足球網或以 2 個箱子代替門柱）。你先站在球門口，如果狗狗順利得分，務必要以口頭讚美和愛撫動作表揚愛犬優異的球技！

跳躍運動

後院的敏捷訓練

有些狗狗非常喜歡跳過障礙物，就像賽馬跨過柵欄一樣。只要在室外開闢一個簡易的敏捷訓練場地，就能讓愛犬充分發揮與生俱來的運動潛能。

遊戲需求

- 用於測試跳躍敏捷度的裝置（利用一些木料、箱子、水桶、取自花園的竹竿，製作家用版的替代品）
- 對愛犬健康無虞的零食
- 額外需求（沒有也無妨）：訓練用口哨、響片、碼表、幾個三角斜坡

遊戲步驟

在這個遊戲當中，你可以設置一連串的跳躍裝置挑戰愛犬的敏捷度。儘管住家附近的寵物用品店應該能買到調整式跳躍橫竿，不過你也可以自行製作屬於愛犬專用的跳高設備，把圓木樁、箱子、倒扣的桶子或斜坡當作兩側固定橫竿的基座，從花園取一段竹竿橫跨在基座上，這就是愛犬專屬居家克難型跳高設備。所有的裝置都要以安全為優先考量，竹竿只能輕輕跨著，狗狗一碰，就會掉下來，不能勾到腳；此外，竹竿的高度也不能太高，避免造成潛在的運動傷害。

如果你的手很靈巧，甚至可以自己動手作可調整式三角斜坡，務必要確保結構的穩固性，足以承載狗狗的重量，斜坡高點不能超過狗狗站姿高度的 2 倍。要是你在斜坡外側設置木製橫條或舖上一層橡膠墊，那整個裝置的應用會更廣泛，在一些敏捷遊戲也派得上用場，讓愛犬得以往上跳躍狂奔，就像飛天神犬一樣！

在正式展開遊戲之前，首先要進行賽程規劃，佈置好各個場地，讓狗狗有足夠的助跑空間跳過障礙物。第一回合，先幫狗狗繫上牽繩，如果你有使用口哨，就以哨聲揭開狗狗障礙賽序幕，接著再和牠一起往前跑，導引牠沿著你所設計的路線，一一通過各種障礙，你要在旁鼓勵牠，每一跳都要佐以「跳躍」的口頭指令。只要愛犬成功越過障礙，記得要以口頭讚美、零

食、響片聲作為回饋。

重複上述步驟，第二次還是要以牽繩導引狗狗前進的方向。

然後幫牠解下牽繩，並下達「坐下」的指令，等你發出開始的訊號之後，再作一次同樣的測試。

以哨聲或其他方式作為賽程開始的訊號，鼓勵愛犬自行跳過障礙，但你還是要全程陪伴，一遇到障礙物，就要以「跳躍」的指令激發狗狗鬥志。

或許愛犬最終還是能靠自己通過考驗，不過你最好還是跟著牠，讓牠體會團隊合作的感覺，並因為你的加油而更加努力。如果在大熱天進行這個遊戲，每回合絕對不能超過 15 分鐘，千萬別讓愛犬過度操勞、筋疲力竭；要是天氣涼爽，愛犬的狀況良好，或許你可以準備碼表計時，看牠是否能突破自己以往保持的紀錄！

隧道

專為喜歡鑽洞的狗狗量身打造

這個遊戲可以和跳躍運動結合（請參閱 118 頁），創造一個完整版的狗狗專屬障礙賽。如果愛犬生性敏捷，熱愛挑戰，千萬別錯過這個大好機會！

遊戲需求

- 狗狗或小朋友專用的遊戲隧道（或用塑膠呼拉圈、舊床單製作家用版的替代品）
- 對愛犬健康無虞的零食
- 額外需求（沒有也無妨）：訓練用口哨、響片、碼表

遊戲步驟

幫愛犬佈置一條長隧道或一連串的隧道遊戲組，可以從居家附近的寵物用品店購買這些設備或直接用兒童用隧道玩具組取代。如果你有空搜集一些呼拉圈，只要蓋上幾條舊床單，簡單縫起來固定，輕輕鬆鬆就能打造一組適合愛犬體型的專屬隧道。將這些隧道組排列成線狀或環狀，要是你想增加遊戲的變化性，或許可以將跳躍一併納入遊戲中，在跳躍障礙物之間擺放一組以上的隧道，創造一個完整版的狗狗專屬障礙賽。

剛開始先讓狗狗瞭解遊戲的玩法，準備一組比較短的隧道讓牠試試看，如果牠露出高度興趣，接下來再慢慢提升難度，把好幾組隧道連結在一起，挑戰狗狗的極限！

若你有使用口哨的習慣，可以用哨聲作為遊戲開始的訊號，並且清楚地宣布遊戲名稱「隧道障礙賽」，接著再跟著狗狗一起跑向第一組隧道，導引牠進入裡面，從旁幫牠加油，鼓勵牠穿越隧道。每次狗狗順利通過一組障礙，就要以口頭讚美、食物或響片聲作為正向回饋。如果愛犬出現在隧道另一頭，以微笑迎接成功的到來，你也要回以一個愛的抱抱，獎勵牠出色的表現！學習力超強的牧羊犬（Collie）特別熱愛這類型的遊戲，至於梗犬（Terrier）或其他喜歡挖洞的犬種，也無法抗拒隧道遊戲的吸引力。

此外，你也可以提高遊戲的刺激性，讓愛犬和時間賽跑，以碼表計時，看牠需要多久時間才能順利達成任務。每次遊戲時，稍微調整一下，改變隧道長度和擺放方式，有些長一點、有些短一點；有幾個距離近一點、有幾個遠一點。

呼拉圈

專為喜愛跳舞的愛犬量身打造

有些狗狗的腳上好像裝了彈簧，喜歡手舞足蹈，停都停不下來。你可以讓愛犬學習一項特技，往前跨步，跳過呼拉圈，然後再原途折返。

遊戲需求

- 幾位親友
- 塑膠呼拉圈
- 對愛犬健康無虞的零食
- 額外需求（沒有也無妨）：訓練用口哨、響片

遊戲步驟

愛犬一定會覺得呼拉圈有氧運動非常有趣！不過你可能需要邀請幾位親友協助，大家站成一直線或圍成圓圈，每人手上都拿著一個呼拉圈，高度大約是狗狗的背長左右，形成一連串的跳躍障礙物。務必要慎選呼拉圈的尺寸，盡量吻合愛犬的體型。

剛開始訓練狗狗時，先進行簡單的入門教學，讓牠適應以跨步的方式穿過呼拉圈，再以響片聲和零食作為正向回饋。訓練初期先拿著一個呼拉圈貼近地面，並對狗狗下達「跨過」的指令。

只要狗狗順利跨步越過，記得要以口頭讚美或響片聲鼓勵牠，再慢慢提高呼拉圈，直到高度足以讓牠跳過，且動作可連續，一再重複跳過相同高度的呼拉圈，最後甚至可達到人犬合一的狀態，你不斷地帶著呼拉圈跟著愛犬移動，而牠則繞著你，持續越過呼拉圈，形成一幅賞心悅目的畫面！

千萬不要鼓勵狗狗跳太高，儘管某些犬種具有驚人的跳躍力，像傑克羅素梗（Jack Russells）體型嬌小，卻擁有彈簧腿，不過為了預防潛在的運動傷害，呼拉圈離地高度以不超過30-60公分（1-2呎）為限。

水花四濺

野外打水戰遊戲

只要準備一個兒童用的游泳池，就可以在戶外空間打造一條河流的意象，暫時滿足愛犬喜歡玩水的欲望，同時也能刺激牠心靈的發展。

遊戲需求

- 一個或數個兒童專用游泳池
- 幾根樹枝或木料
- 一位親友
- 防水玩具或訓練槍獵犬的假娃娃
- 對愛犬健康無虞的零食
- 舊毛巾
- 額外需求（沒有也無妨）：訓練用口哨、響片、碼表

遊戲步驟

如果家中寶貝很喜歡玩水，或許你可以把握機會，盡可能帶著牠玩這個遊戲。以拉不拉多（Labrador）為例，牠們最愛跳進河流撥水前進，就像狗狗肉身獨木舟一樣。這個遊戲可以讓愛犬保持高度注意力，集中精神在尋回標的物上，不過務必要慎選標的物，絕對不能損害牠的口腔健康。

準備一個或數個兒童專用游泳池，放在室外，排成一直線，在每個水池四周擺放一些障礙物，像樹枝、椅子等，水池兩端都要預留通道，作為狗狗的出入口。

請助手在第一個水池入口處緊握狗狗的牽繩，你站在水池另一側的出口，拿出防水玩具或訓練用假娃娃給狗狗看一看。如果你有使用口哨的習慣，以哨聲作為遊戲開始的訊號，同時並宣布遊戲名稱「水花四濺」，然後將手中物品丟向偏向你這側的水池，緊接著再請助手放開狗狗。

一旦狗狗跳入水中，再一次吹哨，並呼叫牠的名字，藉此磨練牠的召回反應和尋回技巧。當愛犬咬著玩具來到你身邊之後，對牠下達「坐下」的指令，用一塊零食跟牠交換口中的玩具。

玩具到手後，再丟向助手，請對方站到下一個水池邊，或在同一個水池，但你和他的角色對調。你也可以使用碼表，測測看愛犬到底需要多久時間才能完成這項任務。

除非天氣很熱，你和助手想要洗個冷水澡清涼一下，否則最好在狗狗抖動全身瀝乾毛皮之前，趕快往後退！遊戲結束之後，準備一條舊毛巾幫狗狗擦乾，以免牠感冒；如果有小朋友參與遊戲，為了以防萬一，全程都要有大人陪同。

競賽

你比愛犬還快嗎？

你家寶貝屬於靈緹犬（Greyhound）、愛爾蘭雪達犬（Irish Setter）這些飛毛腿一族嗎？如果答案是肯定的，那你最好不要跟牠玩這個遊戲。要是愛犬的特性比較偏向天性懶散的獵犬（Spaniel），或許你就能藉這個機會，讓牠和家裡其他過動兒一起比劃幾招！

遊戲需求

- 取自花園的竹竿或足球訓練用的圓錐
- 碼表
- 幾位親友
- 競賽紀錄紙
- 對愛犬健康無虞的零食
- 給小朋友的糖果或小玩意兒
- 額外需求（沒有也無妨）：訓練用口哨、響片

遊戲步驟

只要準備幾根竹竿或足球練習三角錐，佈置成之字形或環狀跑道，就能在自家花園或後院進行一場競賽！另外再準備一只碼表計時，測試每位選手跑完全程所花費的時間，並且寫在紀錄紙上。

幫狗狗繫上牽繩或請牠跟著你的腳步前進，在旁導引牠通過正確路徑完成賽程。你和牠一起快步繞過各個障礙物，接著再小跑步，逐漸提升速度。不管在什麼階段，都要用口頭讚美和美味零食雙管齊下的方式，多幫愛犬加油打氣！

如果狗狗的體型小、速度慢，或是有小朋友參與，而狗狗的速度遠比他們快很多，剛開始最好讓所有參賽選手分開跑。在起點的位置幫狗狗解下牽繩（坐姿），其他選手則維持起跑的姿勢（站姿），以吹哨或直接大喊「開始」揭開競賽的序幕。如果狗狗或其他選手偏離跑道，必須遭受加時懲罰。可以請其他親友協助，站在幾個關鍵位置，以避免參賽選手藉由捷徑取巧。儘管沒有牽繩導引，大多數狗狗還是能順利跑完全程，只有少數例外，需要把牽繩收短，在適當的導引下，才能繞過障礙物前進。最

後勝利者可以獲得一份獎品，因為在事前無法預知人犬大戰的結果如何，所以除了狗狗的零食之外，也要一併準備給小朋友的糖果或小玩意兒。

進階挑戰

如果結合書中部分遊戲，像是跳躍、隧道、呼拉圈、甚至水花四濺的泳池障礙賽（請參閱 118-125 頁），整個競賽過程會更刺激。因為人類和狗狗具有不同特質，也可以稍微調整賽程：給愛犬的挑戰可能是跳過呼拉圈之後，緊接著穿越隧道，或衝進泳池濺起一片水花；至於人類參賽者可能採取其他測試方式，例如選手必須套上呼拉圈，至少轉十次，不能讓呼拉圈落下，才能繼續下面的賽程。

找出標的物

在花園的搜尋遊戲

藉由視覺和味覺記憶，愛犬將家中成員和親友的印象存放在腦海裡，你可以鼓勵牠善用這個記憶庫，去花園搜尋特定對象。

遊戲需求

- 幾位親友
- 對愛犬健康無虞的零食
- 狗用柵欄或牽繩
- 額外需求（沒有也無妨）：訓練用口哨、響片、碼表

遊戲步驟

遊戲正式開始之前必須先對狗狗宣達每個標的物的名稱，所有玩家必須圍成一圈，由玩家說出狗狗的名字，召喚牠過去，如果狗狗曾受過哨聲訓練，也可以用哨聲取代口頭指令。接下來玩家再對狗狗下達「坐下」的指令，給牠一塊零食，並清楚地發出自己名字的縮寫發音，如「史都華」變成「史都」、「班傑明」變成「班」、「夏洛特」變成「夏莉」。

進入下一階段之後，由其中一位玩家下達「找出某人」（例如「找出夏莉」）的指令，然後再吹哨。一旦愛犬有機會自由活動，企圖從參賽玩家中找出夏莉，而最後終於如願，揪出正確對象，獲得自己最愛的零食獎品，整個過程會讓遊戲的熱度持續攀升。

剛開始先把狗狗關在室內，可以用柵欄或牽繩限制牠的活動範圍，讓搜尋對象趁機在室外躲起來。只要一切就緒，再由搜尋對象出聲呼叫狗狗或吹哨，緊接著就由另一位玩家對牠下達找出來的指令，並在指令後面加上搜尋對象的名字，藉此作為搜尋遊戲開始的訊號。

當愛犬定位出搜尋對象的位置，對方必須再一次清楚地說出自己名字的縮寫，並給牠一個愛的抱抱，輕輕地拍拍牠，也不要忘記拿出狗狗最愛的零食獎品。這個遊戲非常適合視覺獵犬（Sighthound），不過槍獵犬（Gundog）對於搜尋遊戲也很在行，因為這些犬種的選種過程，原本就以執行類似任務為優先考量，這種簡單的尋人遊戲，自然難不倒牠們。此外，也可以用碼表來計時，讓狗狗的獵「人」遊戲更加刺激！

神奇的花盆

東西藏在這底下嗎？

如果愛犬具備良好的短期記憶能力，絕對能成為這個遊戲的贏家。然而幕後真正的受惠者還是你們整個家族，當每個人聚精會神觀賞狗狗充分發揮潛能的出色表現時，一定會為此而讚嘆不已！

遊戲需求

- 塑膠花盆
- 尋回訓練用的玩具或球
- 狗狗用柵欄或牽繩
- 對愛犬健康無虞的零食
- 額外需求（沒有也無妨）：訓練用口哨、響片

遊戲步驟

跟家中負責園藝的成員借調十個大型塑膠花盆，把花盆倒扣在戶外空間排成一直線，拿出一個尋回玩具或球，藏在其中一個花盆裡。為了防止愛犬偷看你藏東西的過程，可以先把牠關在室內，用柵欄或牽繩暫時限制牠的活動範圍。

一切就緒之後，你再用牽繩導引狗狗走向花盆，輪流把每個花盆翻開，如果裡面空無一物，你就要用充滿悲傷的語調說「抱歉」。然而要是你們翻開藏有玩具或球的那個花盆，記得要以輕快明亮的語氣表示「對」。可以讓愛犬看一看、聞一聞那個物件，但絕對不准牠動口亂咬。

然後再把愛犬帶回花盆序列的起點，並對牠下達「坐下」的指令，如果狗狗曾接受哨聲訓練，就以吹哨作為遊戲開始的訊號，同時解開牠的牽繩，並下達「找出來」的指令。要是狗狗的記憶力超強，直接衝向藏有玩具或球的那個花盆，務必要大聲地稱讚牠優異的表現！當牠叼起標的物的瞬間，再次吹哨；如果牠順利地返回你身邊，把東西交到你手上，記得要拍拍牠，並奉上香噴噴的食物獎品。一旦愛犬的表現漸入佳境，之後再慢慢增加玩具或球的數量。

為了獎品而拚命！

如果家中寶貝腦袋不夠靈活，遊戲一開始便逐一檢查花盆，根本忘記哪個花盆下面有藏東西，或許你可以稍微調整放水，偷偷在其中一個空盆子底下藏一塊零食，藉此磨練牠的搜尋技巧。

彈力球（Swing ball）

觀賞飛天神犬！

如果家中有人很熱衷於彈力搖擺球，或許可以稍微調整遊戲方式，讓愛犬也一起加入，接下來整個家族就能好好欣賞牠追球的美技！

遊戲需求

- 兒童用彈力球遊戲組（或是用樹枝細繩製作一個家用克難版）
- 在繩子上綁一個硬的橡膠球
- 幾位親友
- 對愛犬健康無虞的零食
- 額外需求（沒有也無妨）：訓練用口哨、響片、碼表

遊戲步驟

如果飼主和愛犬急需一些新鮮空氣醒醒腦，一場簡單、充滿元氣的彈力球遊戲就是缺氧症候群的最佳解藥！把電視關了，遊戲機收起來，請家人移駕戶外，跟狗狗來一場彈力球大戰吧！

要是家裡已經有兒童用彈力球遊戲組，可以稍微改裝一下，把原本固定在繩子上的球拿走，用另一顆結構強健的橡膠球取代。這樣一來，玩家需要更用力擊球，才能讓球彈起來。如果家裡沒有這種玩具，也可以拿老舊的花園刷取代，最好選上面有懸掛口的，直接把線穿過即可。將彈力球遊戲組的竿子或柄頭牢牢固定在地上。

剛開始先拿出綁在繩子上的橡膠球給狗狗看一看，允許牠在場邊觀摩，熟悉遊戲玩家傳接球的過程。偶爾可以把球拋低，讓狗狗接得到，同時要說出「彈力球」這幾個字。

把狗狗召回你身邊，用一塊零食跟牠交換玩具（千萬不要試圖和愛犬拔河，這樣牠只會咬住球不放）。把細繩上的塑膠球固定在彈力球的繩子上，由參與遊戲的玩家一起宣布遊戲名稱「彈力球」，接著大家再開始互相擊球，鼓勵狗狗也加入接球的行列。

當狗狗接球次數多達 5 或 10 次，就能獲得一塊零食作為獎品。然而如果愛犬在遊戲初期，怎麼樣也不肯把球放開，也可以每次都用

零食跟牠交換。

每一回合至多不超過 15 分鐘，讓家中的特技神犬趁機休息一下，享用美食。此外，你也可以使用碼表計時，看愛犬需要花多久時間，才能接住設定的球數，甚至在每一次遊戲時，能否突破自己以往保持的紀錄。只要牠完成任務，就下達「遊戲結束」的指令，同時也要給牠適當的回饋。

飛躍的狗狗

小朋友玩的遊戲

小朋友通常很喜歡在學校的遊戲場玩這個遊戲，邊玩邊唱：「我愛咖啡，我愛茶，我要朋友和我一起跳！」你可以把「朋友」這兩個字用愛犬的名稱取代，然後教牠怎麼和大家一起跳繩！

遊戲需求

- 幾位親友
- 跳繩或軟繩
- 對愛犬健康無虞的零食
- 額外需求（沒有也無妨）：訓練用口哨、響片

遊戲步驟

這個跳躍遊戲的訣竅在於剛開始訓練愛犬時，必須降低繩子高度，甚至直接貼著地面。如果牠曾受過響片訓練，在遊戲初期可以利用這個輔助工具，特別針對體重過重的狗狗，最好藉由響片聲降低零食獎品的比率，同樣還是能激發牠跳過繩子的欲望！

這個遊戲最簡單的操作模式是由兩位玩家擺動繩子、另外兩位指揮狗狗行動。要是玩家包含大人小孩，最好由小朋友操控繩子，大人負責訓練狗狗，除了鼓勵狗狗越過跳繩之外，也可以幫助小朋友順利邁入下一階段。

四位玩家必須分別站在菱形的端點，兩位操繩者各自抓住繩子的一端，讓繩子中間成為拋物線的最低點，其他兩位訓練員則以繩子為界，站在繩子的兩側，由他們兩位輪流召喚狗狗，每次只要牠穿過繩子，就以響片聲和零食作為正向回饋。

之後，慢慢提高繩子、稍微離地一丁點的高度，鼓勵狗狗跳過繩子，只要牠一成功，馬上奉上香噴噴的零食作為獎品，提升狗狗的學習效率。

最後玩家可以配上一些童謠或繞口令，像是上面提供的那一段，把愛犬的名稱放在裡面。

務必要謹慎掌控遊戲時間，每回合之間要有中場休息，讓愛犬能暫時喘口氣；此外，如果在大熱天

玩這個遊戲，天空萬里無雲，附近又沒有遮蔽物，更是要小心翼翼，絕對要注意狗狗是否有脫水或不適的症狀。如果家中寶貝屬於過動一族，盡量不要玩這個遊戲，以避免愛犬過度興奮。

進階挑戰

除了上述步驟之外，也可以稍微調整遊戲內容，玩家藉由唱歌或繞口令並完成一項簡單的任務，以提升遊戲難度，例如「摸地」、「爬樓梯」、「轉身」……等。

水花四濺第二回合

愛犬專屬的泳池畔遊戲

在炎炎夏日最適合玩這個超讚的遊戲！準備一個小朋友專用的游泳池，放在花園裡，然後開始進行「狗狗接力賽」，四濺的水花絕對會讓每個人都興奮不已！

遊戲需求

- 愛犬專用洗毛精和舊毛巾
- 小朋友專用的游泳池
- 兩個三角錐或其他標記物
- 幾位親友
- 對愛犬健康無虞的零食
- 給小朋友的糖果或小玩意兒
- 額外需求（沒有也無妨）：訓練用口哨、響片、碼表

遊戲步驟

沒有人會喜歡跟一隻臭狗狗分享戲水的樂趣，所以這個遊戲的首要任務必須先幫愛犬洗澎澎，讓牠全身毛皮光可鑑人，足以成為當地狗狗選秀會上最醒目的焦點！準備一些狗狗洗毛精和溫水，一旦愛犬乾淨溜溜，再拿出舊毛巾擦乾。

在泳池中加水，用三角錐或其他標記物佈置競賽場地，標示起點、終點和一處轉彎點，請所有參賽者站成一直線，幫狗狗繫上牽繩站在最後一個位置，靠牠最近的一位選手負責導引，隨身攜帶一些零食以備不時之需。

如果狗狗曾受過哨聲訓練，可以藉由吹哨宣布遊戲開始，由第一位選手先衝進泳池，出來之後再跑到折返點，沿著原路回到起點，重新排在狗狗後面；接下來是第二位選手，依此類推。輪到最後一位選手和狗狗時，他必須解開牽繩，鼓勵狗狗跟著他一起跳進水池，濺起一片水花。等他們繞行一周回到起點，務必要好好讚賞狗狗的表現，並給予實質的食物回饋。所有選手都能輪流帶領狗狗，享受跟牠一起躍入水中的快感。

一旦愛犬抓到遊戲的精髓，就可以升格為接力賽的選手之一，不需要再由其他人帶領。

此外，也可以藉由碼表計時增加競賽的張力，記下每個人跑完的時間，接下來再看看是否能打破之

前選手保持的紀錄，跑得最快的選手就能獲頒糖果獎品。

若家中寶貝是貴賓犬（Poodle）、拉不拉多（Labrador）、尋回犬（Retriever）這類型的犬種，絕對無法抗拒水的誘惑，但要是拳師犬（Boxer）可就需要旁人多費點心，幫牠加油打氣，甚至稍微扶牠一把，讓牠有勇氣跳入水中。有些狗狗會選擇繞道而行，不敢跨進水中一步，這時候飼主千萬不能責怪牠；然而卻也有比較特殊的個案，可以直接一躍而過，降落到泳池的另一側。此外，因為參與遊戲者以小朋友居多，旁邊一定要有大人全程陪伴，以免發生危險。

遛狗情趣篇

東西跑到哪兒去了？

搜尋一件藏起來的玩具或食物

這個遊戲非常簡單，只要一小塊狗狗最愛的零食，就能產生絕佳的效果，讓遛狗過程更具啟發性！

遊戲需求

- 用於尋回訓練的玩具（訓練用假娃娃、繩索玩具）或耐咬的磨牙玩具
- 狗用柵欄或牽繩（訓練用）
- 對愛犬健康無虞的零食
- 額外需求（沒有也無妨）：訓練用口哨、響片，一位親友助手

遊戲步驟

如果狗狗曾玩過搜尋遊戲（請參閱24-43頁），就能直接將類似的模式應用到遛狗過程中；然而要是牠還不熟悉，或許可以在家裡先做些功課。首先，用柵欄或牽繩限制愛犬的活動範圍，把尋回或磨牙玩具拿給牠看，接著再把東西藏在花園裡，並詢問狗狗：「東西在哪兒？」然後放開牠，讓牠自己去找出藏東西的地點。第一次試玩遊戲時，盡可能簡單一點，往後再逐漸提升難度；直到狗狗進入狀況之後，再移駕戶外，地點可以是郊區或地區性狗狗公園，把搜尋遊戲融入散步途中，有助於提升你和牠之間的感情。

剛開始你要耐心等待適當時機，等狗狗跑到你前頭，在草堆或樹幹上聞來聞去，接著才可以吹哨（如果你有使用口哨的習慣）並呼喚牠的名字，當牠回到你身邊時，拿出尋回或磨牙玩具，同時下達「坐下等待」的指令。如果狗狗不屬於乖乖牌，沒辦法停留在定位上，或許你可以請親友協助，幫牠繫上牽繩，拉住牠，然後你再離開把東西藏好。等一切就緒後，你再返回，並詢問狗狗：「東西在哪兒？」緊接著放開牠，讓牠展開搜索行動。

如果你準備的是磨牙狗骨頭，只要愛犬定位出藏東西的地點，務必要好好恭喜牠，給牠一點時間享用美食，或讓牠直接帶回家，營造滿載而歸的歡愉氣氛！然而要是你把尋回玩具當作標的物，記得要吹哨提醒狗狗返回，並拿出零食交換牠口中的玩具，緊接著把玩具收起來，在下一段旅途中再重複相同的步驟。

躲在樹林裡

愛犬可以找到目標嗎？

這個遊戲和「東西跑到哪兒去了？」（請參閱 140 頁）很類似，在你遛狗期間，如果愛犬沒有繫上牽繩的習慣，或許可以試試看，邀請一位親友協助，擔任搜尋任務的標的物。

遊戲需求

- 幾棵樹
- 一位親友
- 對愛犬健康無虞的零食
- 額外需求（沒有也無妨）：訓練用口哨、響片

遊戲步驟

這個遊戲的場地主要是在林間小徑或林蔭大道上，讓狗狗得以解開牽繩自由活動。當你準備好之後，以哨聲作為遊戲開始的訊號（如果你有使用口哨的習慣），並把牠帶到你身邊。

在遊戲助手躲藏的過程中，如果愛犬屬於乖乖牌，你可以對牠下達「坐下等待」的指令，多多讚美牠，盡量讓牠的注意力集中在你身上，因而忽略了另一個人的行蹤。要是狗狗一直騷動，很想直接衝向助手，你可以幫牠繫上牽繩，並給牠一塊零食，甚至用響片聲重新吸引牠的注意力。

一切就緒之後，你必須再一次吹哨，並詢問：「他在哪兒？」也可以請助手幫忙，由他吹哨或呼叫狗狗的名字，藉由聲音的來源協助牠定位。當狗狗找到躲藏的位置之後，對方必須拍拍牠，並給予零食獎品。然後你再召喚愛犬回來，不管是叫牠的名字或以哨聲都無妨，只要牠回到你身邊，務必要奉上美味的零食。

在遛狗期間，讓愛犬隨時把注意力放在你身上，具有非常正面的意義，這不只表示你和牠是一組戶外探險團體，也能刺激牠的視覺發展。狗狗大多會因為周遭環境充滿各種氣味而四處流連，甚至忙著到處「作記號」，如果能藉由其他方式，讓牠外出期間，一併活用自己另一項感官，將能大幅提升外出散步的附加價值。幾乎所有犬種都會覺得這個簡單的遊戲極為有趣，要是散步路徑稍微遠一點，也可以一再重複相同流程，以提升狗狗的召回反應和服從性。

現在你可以看著它

提升愛犬對召回指令的服從性

在遛狗期間，如果想要激發愛犬的興趣，專注於你所下達的指令，或許可以用一些比較新奇的玩具吸引狗狗，讓牠更為集中注意力。

遊戲需求

- 兩個新的尋回玩具，大小適中，剛好能裝到你的口袋或提袋裡
- 對愛犬健康無虞的零食
- 額外需求（沒有也無妨）：訓練用口哨、響片

遊戲步驟

遛狗時經常會遇到一些狀況，特別當歡樂時光即將接近尾聲，或愛犬自由奔馳、樂不思蜀，甚至旁邊有小朋友接近時，這時候你想要召回自家寶貝，容易有力不從心的感覺。每位飼主都希望自家寶貝快樂又聽話，而這個遊戲只利用一點點小技巧，便能夠大幅改善狗狗的召回反應。

準備兩個狗狗的玩具，放在不同口袋，或直接塞到袋子裡。在前半段散步路徑中，狗狗可能正忙於四處嗅聞，一逮到機會就馬上標記自己的領域，這時候你可以藉由吹哨（如果牠曾受過哨聲訓練），叫牠的名字，對牠下達召回指令。一旦狗狗返回你身邊，再對牠下達「坐下」指令，讓牠看看其中一個新玩具，或兩個都拿出來也無妨。接著你們繼續往前走一會兒，然後再按下響片，並給牠一塊零食。

當狗狗似乎已喪失對玩具的興趣之際，再把其中一個玩具丟出去，並下達「找出來」的指令。一旦牠定位出玩具的地點、叼起玩具之後，務必要吹哨或叫牠的名字，同時也要備妥響片或零食，除了口頭讚美之外，其他獎勵方式也不可或缺。如果愛犬的占有欲很強，你也可以利用動物喜新厭舊的天性，拿出另一個玩具，讓牠把注意力轉移到你手上的新玩具。

如果愛犬順利尋回玩具並交到你手上，你可以再將東西放回口袋或袋子裡，繼續往前走，假裝根本沒事的樣子；等到適當時機，再重複上述流程。

經過上述訓練的洗禮，接下來狗狗幾乎都會緊黏著飼主，心裡暗自渴望主人口袋或袋子裡面的好東西。如果你們家寶貝有㹴犬的血統，吱吱作響的玩具對牠最具吸引力。

編織運動

訓練愛犬來回穿梭，就像織布機上的梭子一樣

敏捷訓練的挑戰不但可測試愛犬的移動能力，整個遛狗過程也會更刺激，讓狗狗沿著彈性軟桿來回穿梭，就像織布機上的梭子一樣。

遊戲需求

- 中空的塑膠桿或取自花園的竹竿
- 手提袋
- 對愛犬健康無虞的零食
- 額外需求（沒有也無妨）：訓練用口哨、響片

遊戲步驟

正式展開遊戲之前，你可以在花園裡先幫愛犬惡補一番，等你們在郊區或狗狗公園散步時，把幾根竹竿或三角錐隨身放在袋子裡。

在訓練初期，在鬆軟的地上插一排竹竿或把三角錐排放成一列，間距 1 公尺（3⅓ 呎）。幫狗狗繫上牽繩，並說出遊戲名稱「編織運動」，讓牠待在你的右側，拉緊牽繩導引狗狗繞向第一根竹竿的左側，再轉到第二根竹竿的右側，就像織布機上的梭子一樣來回穿梭，務必要陪伴愛犬沿著竹竿走完全程，從旁幫牠加油，每當牠穿過一根竹竿，交替使用零食或響片聲作為獎勵。

一旦走到盡頭之後，再沿著原路返回；一再反覆練習上述步驟。如果愛犬很習慣跟著你的腳步前進，或許可以試著讓牠跟著你繞著竹竿來回穿梭（再次按下響片）。不需要一直供應零食，只要偶爾拿出一塊當作獎品即可。要是牠跟著你走，卻漏掉其中一根竹竿，再次召喚牠回到你身邊，拿出一塊零食放在牠眼前，直接收走，然後再次從頭開始。

當狗狗已經抓到訓練的訣竅，不需要你的引導，也能順暢地來回穿梭，之後逐漸將竹竿間距縮短。

等愛犬作足充分的準備，再正式展開遊戲，同樣也是以哨聲作訊號，並宣布遊戲名稱「編織運動」，鼓勵牠沿著竹竿跑完全程。若狗狗已完全掌握遊戲的精髓，你可以在遛狗時隨身攜帶幾根竿子，只要遇到適合的場地，稍微佈置一下，就能讓愛犬大展身手！

準備好了，出發！

訓練狗狗的追蹤技巧

如果愛犬可以開口要求的話，牠一定會希望在家族散步的時候玩這個遊戲。只要你們一把牠放開，就能欣賞牠如脫韁野馬般奔馳的美姿！

遊戲需求

- 一位親友助手
- 對愛犬健康無虞的磨牙玩具或一大塊紅肉
- 愛犬必須先學會「坐下」或「趴下」的指令
- 額外需求（沒有也無妨）：訓練用口哨、響片、碼表

遊戲步驟

開車載著愛犬前往附近適合的遛狗地點，或直接幫牠繫上牽繩，你們一起走到牠最愛流連的場所，作為這個遊戲的起點。狗狗會將自己最愛的散步行程和開車兜風這兩個事件結合起來，一旦到達定點，便會迫不及待往外衝，而這也是遊戲展開的契機，狗狗儘管內心充滿喜悅，卻因通車或牽繩桎梏，無法發洩逐漸高漲的情緒，這個簡單的遊戲正可以讓牠藉機抒發一路以來醞釀的滿腔熱血！

為了不要讓家人們在車上洩漏天機，讓敏銳的愛犬得以知道你們暗中籌備的計畫，最好用口頭指令或牽繩控制牠的活動範圍，讓其中一扇門或休旅車的後車廂打開。由家中屬於過動兒一族的成員擔任標的物，隨身攜帶一塊對愛犬健康無虞的磨牙零食或一大片紅肉，在狗狗眼前晃一晃，接著再往外跑一小段距離，剛開始只是讓牠習慣遊戲流程，所以最好不要超出視線範圍。

一旦標的物已經準備就緒，對著狗狗宣布遊戲名稱「準備好了，出發」，如果你有使用訓練口哨的習慣，可以先吹哨，再幫牠解下牽繩，同時再一次說出：「出發！」其他家人們就可以悠閒地跟著愛犬，欣賞牠接下來的演出。

當狗狗距離標的物不到3公尺（10呎），對方必須大聲下達「坐下」或「趴下」的指令，等尾隨的家人們到達之後，再讓狗狗享

用自己的獎品。此外，在每個階段都可以靈活運動響片這個輔助工具。如果家中愛犬屬於體型巨大的飛毛腿，一旦牠朝標的物狂奔，氣勢驚人，務必要確保牠不會一下子就衝撞上去，或嚇到小朋友。

訓練初期先由短距離開始，讓愛犬慢慢熟悉遊戲規則，之後再逐漸拉開距離。如果狗狗不知道要往哪邊跑，或許標的物可適時提供協助，吹哨幫牠加油。其他家人們甚至能扮演競爭對手，混淆狗狗視聽。另外，也可以準備碼表記錄狗狗全力衝刺的速度。

藉由這種方式消耗愛犬充沛的能量，能夠幫飼主省下不少麻煩，如果牠屬於飛毛腿一族，像薩路基犬（Saluki）、瞪羚獵犬（Gazelle Hound）、蘇俄牧羊犬（Borzoi）等，你真的要好好利用這個遊戲，燃燒牠過剩的精力！

跟愛犬一起慢跑

瘦身俱樂部

很多飼主都喜歡和愛犬一起慢跑，你當然也能這樣做。在一處你最愛的公園或其他地點，幫愛犬解下牽繩，讓牠得以跟著你的步調前進；在狗狗的督促下，你絕對能保持非常健康的體態。

遊戲需求

- 對愛犬健康無虞的零食
- 額外需求（沒有也無妨）：訓練用口哨、響片、碼表

遊戲步驟

如果能和愛犬一起慢跑運動，絕對是很美妙的經驗，然而要是整個過程都必須以牽繩控制，可能會讓狗狗產生挫折感。務必要牢記，就算你擁有長跑馬拉松選手的能耐，但愛犬的體能狀況不見得能與你相提並論。如果牠的發育尚未成熟，要是跑步過度，可能會造成過動的傾向；要是狗狗年紀大了，更經不起這種折磨，搞不好會引發關節的毛病；所以最好還是保持短距離的慢跑即可。

開車或直接帶著狗狗散步到你所選擇的定點，如果沒有牽繩的控制，在市區道路帶著愛犬慢跑，似乎會有些麻煩，四周的干擾太多，常常會吸引牠的注意力，停下來到處聞來聞去，甚至為了滿足好奇心，直接穿越車潮，衝到對街尋找其他動物交流。

等你們到達公園之後，幫狗狗解下牽繩，並下達「坐下」的指令，給牠一塊零食，然後帶著牠一起跑步，速度稍微慢一點。每10-20公尺（33-66呎）就用口頭讚美或響片聲幫牠加油，鼓勵牠跟著你一起跑。如果狗狗輕輕鬆鬆就能跟上你的步伐，你可以忽然慢下來，趁牠解除戒心之際，再加快腳步，以快慢交錯的方式跑完全程。

當你們一起慢跑時，務必要一直對著狗狗說話，展露笑顏、保持眼神接觸、接連不斷地讚美牠，隨著步伐快慢調整呼吸。如果旁邊有人或其他狗狗，你可以拿出零食吸引自家寶貝，並以和牠說話的方式

或響片聲，讓牠把注意力集中在你身上。等通過這些潛在誘因之後，再次按下響片，給狗狗一些口頭讚美，要是牠沒有很喘，也可以給牠一點食物獎品當作回饋。

若是你想讓整個過程更具挑戰性，或許可以準備一個計時碼表，看看你和愛犬能否突破自我，在限定的距離下，一次次打破先前保持的紀錄。

訓練愛犬跟著你的腳步往前跑，有助於提升牠的服從性，然而距離最好不要太長，保留一點時間，讓牠得以自我解放一番，趁機探索周遭各種新奇的氣味。

從我到你那邊

在家人之間來回穿梭

如果你希望在遛狗期間玩些簡單的遊戲，或許可以邀請親友一起參與，讓愛犬在你們之間來回穿梭，為奔跑的過程增加一點樂趣！

遊戲需求

- 一位親友
- 尋回訓練的標的物，像是飛盤或球
- 對愛犬健康無虞的零食
- 額外需求（沒有也無妨）：訓練用口哨、響片

遊戲步驟

在正式展開遊戲之前，必須先在花園進行一到兩回合的短暫練習。第一階段先請一位親友丟飛盤或球讓狗狗接，除了要準確咬住物件之外，還要一併執行尋回任務，然而卻不是直接叼給投擲物件的親友，反而要交給你。

剛開始先讓狗狗學習在你和助手之間來回穿梭，你們兩人都要隨身攜帶一些零食，如果家裡有足夠的訓練口哨，最好彼此都帶在身上，等一切就緒，再將尋回標的物拋出。

當愛犬順利撿起標的物，你的助手必須吹哨（如果有使用的話），並鼓勵牠返回自己身邊。一旦狗狗飛奔到他身邊，再由他下達「坐下」的指令（口頭讚美或響片聲），並說出「給我」這個指令，只要牠放下標的物，就以口頭讚美（或響片聲）以及零食作為獎勵。重複上述步驟，你和助手輪流拋擲尋回標的物，並要求愛犬把東西交到另一方手上。

如果愛犬已學會尋回指令，並成功將標的物輪流交付到你們手上，接下來就可以進行戶外演練，在短暫遛狗期間，絕對能大幅消耗狗狗過剩的精力。就如同其他耗能的遊戲一樣，這個遊戲也不適合在豔陽高照的戶外空間進行，除非保持每一小節頂多五分鐘左右。要是沒有適當遮蔭，狗狗在大熱天下活動，容易因過熱而影響健康。

左邊還是右邊

訓練愛犬的方向感

當你帶著愛犬漫步在熟悉的小徑上，因為牠對周遭一切太過瞭解，很可能逕自往前跑，根本不理會你的感受；或許你們可以嘗試幾條新路線，沿途有一些交叉路口，藉由這個方式磨練愛犬的方向感。

遊戲需求

- 訓練用口哨
- 對愛犬健康無虞的零食
- 額外需求（沒有也無妨）：響片

遊戲步驟

外出散步有助於提升你和愛犬之間的關係，鼓勵狗狗多注意指令信號，不但讓遛狗過程更加有趣，也有助於遠距離掌控牠的行蹤。不過首先你要先找到一處新的散步地點，有多一點分岔路和替代道路，儘管你很熟悉這些路徑的走向，但愛犬卻不熟悉，需要藉由你的指引才知道方向（遇到這種狀況，有些狗狗會緊黏著飼主不放，不敢到處亂走）。愛犬從這個遊戲中將會得知，如果牠順從地遵守命令，就能取得「牽繩豁免權」，享受沒有拘束的散步樂趣！

為了讓遊戲能順利進行，必須隨身攜帶口哨，利用哨聲輔助手部信號和口頭指令。剛開始先以獎勵的方式強化哨聲訓練的作用，吹哨之後再對狗狗下達「坐下」的指令，並給予牠一塊零食獎品，然後再解下牽繩，鼓勵狗狗前往你所指示的路徑上四處探索。

當遇到分岔路時，狗狗大多會停下來等飼主進一步指示，但有些則採取先斬後奏的方式，逕自踏上自己選擇的路徑，然後再返回在另一條路上的飼主身邊。至於後續的發展，完全取決於狗狗接下來的反應。

當狗狗作出決定之前，你可以先吹一聲短哨，把手舉起，指向你所選擇的路徑，並隨方向喊出「往右」或「往左」的指令。如果牠遵照指示，和你一起踏上正確的路線，務必要拿出零食作為獎品。

然而要是愛犬選擇另一條路，再以一聲長哨作為召回信號，讓牠

返回你身邊，緊靠著你，直到你們一起走在正確的路線為止。

工作犬

類似的訓練最厲害的莫過於牧羊／牧牛人，可以藉由哨聲或簡單的信號指揮狗狗趕牲畜。儘管一般人很難達到那樣的境界，然而只要利用幾個手部動作或手杖，也能作為方向指引的信號。此外，其他幾項工作犬常用的指令，如果能應用在遊戲當中，也會添加不少樂趣，例如「經過」（順時針方向）、「離開」（反時針方向）、「趴下」、「站立」等。

公園遊戲

把東西撿回來

對愛犬無害的尋回訓練

很多犬種都非常熱衷尋回遊戲，牠們喜歡追著棒子跑，一旦把東西叼回來之後，卻還是一再對飼主投以熱切的眼神，希望你再幫牠把棒子拋出去。這個遊戲得以讓狗狗發揮所長，把精神集中在安全無虞的尋回標的物上。

遊戲需求

- 用於尋回訓練的球、假娃娃、飛盤、繩索玩具
- 訓練用口哨
- 對愛犬健康無虞的零食
- 額外需求（沒有也無妨）：響片

遊戲步驟

如果愛犬很喜歡在公園叼起散落一地的樹枝，要求你幫牠拋擲出去，然後牠再自己咬回來，用牙齒把樹枝磨成碎片，那這個遊戲正是為你量身打造的！用樹枝磨牙看起來好像是極為安全的消遣活動，不過這對狗狗的口腔健康可能會造成負面影響。

在正式展開實戰訓練之前，最好能在花園演練幾遍，讓愛犬慢慢理解惟有把尋回標的物撿回來，牠才能獲得零食獎品。狗狗一到公園就像脫韁的野馬，異常興奮，似乎就如同在冒險遊戲場上的小朋友們，根本不聽指揮，如果在這時候要牠把注意力集中在你身上，無異緣木求魚。然而要是愛犬擁有很強烈的玩具占有欲，或許可以用獎勵的方式，以零食交換尋回標的物，藉以提升牠的服從性。

在訓練初期預先準備一個訓練用口哨和一些零食，把尋回標的物拋出去，距離不用太遠，讓狗狗追著跑；當牠順利叼起標的物時，吹哨召回狗狗，等牠一接近，依序下達「坐下」、「給我」等指令，剛開始可以先用零食和牠交換口中的物件。重複上述步驟，記得要多給牠一些讚美，偶爾再拿出零食獎勵。如果牠把標的物留在地上或亂丟，那就不要吹哨，甚至當牠聞香而來，想要乞討你手上的食物，你也不可以心軟，絕對要忽視牠渴望的眼神。

等一切就緒，再將訓練場景轉移到公園，記得要隨身攜帶尋回標的物，先幫愛犬解下牽繩，靜候適當時機，直到牠正忙於探索周遭環境，才可以採取行動。

先吹一聲短哨，把玩具往反方向或草叢當中拋擲，當愛犬順利叼起標的物，再吹一聲長哨。等牠返回你身邊之後，先請牠坐在你身邊，準備一塊零食和一大堆口頭獎勵為辛苦的寶貝接風！

進階訓練

如果愛犬一直分心，只忙著做自己的事，你可以先把標的物往後丟，再吹一聲短哨。鼓勵狗狗去搜尋標的物，甚至偶爾出手幫忙，指出大致的方向，讓狗狗有跡可尋。

這個遊戲還有個小變化，當狗狗把標的物交回你手上之後，你可以先藏到口袋或袋子裡，接著往前走 5 到 10 分鐘，或等牠四處閒逛，精神不集中之際，再一次重複上述步驟。同樣還是先以哨聲引起愛犬注意，逐漸讓牠養成習慣，一旦公園裡有什麼足以讓狗狗分心的突發狀況，整個訓練的成效就能派上用場。

跳過原木樁

激發出深藏在愛犬身上的運動潛能

對某些狗狗而言，跨欄就像跳過圓木樁一樣容易；儘管這個遊戲還稍微加了一些料，但對身手矯健的愛犬根本不成問題！

遊戲需求

- 在公園可取得的樹枝或圓木樁
- 對愛犬健康無虞的零食
- 額外需求（沒有也無妨）：訓練用口哨、響片、碼表

遊戲步驟

撿拾一些公園內四處散落的樹枝或木樁，排列成一直線或環狀，作為克難式跨欄。如果家中寶貝是小型犬，只需要佈置單排樹枝，長腿大型犬就可以多準備幾排；在每一個跨欄障礙後方，放置一塊零食。

幫狗狗繫上牽繩，帶著牠四處嗅聞探索，先熟悉場地，這時候還不需要跨過跨欄，也不能讓牠享用跨欄邊的零食；因為狗狗敏銳的嗅覺，陣陣飄來的食物香味會不斷引誘牠、刺激牠。在這個階段還不能幫牠解下牽繩，先吹哨（如果你有使用口哨的習慣），再跟著狗狗一起跑，鼓勵牠跳過所有木樁。每當牠成功跳過跨欄，先停頓一下，讓牠享用食物。偶爾你也要以身作則，跨過幾個木樁作狗狗的榜樣，畢竟你才是老大，需要適時展現領導者風範！

每回合告一段落之後，最好先休息一下，尤其是萬里無雲的大熱天，附近又沒有適當的遮蔭，務必要特別當心。等愛犬逐漸抓到遊戲的訣竅，最後再放手讓牠自行跑完全程；如果牠力爭上游，努力展現出犬族頂尖運動員的水準，你一定要好好讚賞牠一番！

此外，也可以準備碼表計時，慢慢提升狗狗的表現，看牠能否突破自己以往保持的紀錄。

追上我！

人狗大戰

如果愛犬比較沒有競賽基因，或許你可以稍微即興演出一下，讓你和牠在公園享受這個有趣的賽跑遊戲！

遊戲需求

- 在公園可取得的樹枝或石塊
- 取自花園的竹竿
- 提袋
- 對愛犬健康無虞的零食
- 一位親友
- 額外需求（沒有也無妨）：訓練用口哨、響片、碼表、幾位旁觀者

遊戲步驟

從花園裡拿一些竹竿放到適當大小的袋子裡，再配合公園現有的枝條、石塊，佈置一個之字形或曲線型競賽場地，用這些天然的材料作為跑道兩側的標記物，彼此平行排列、間隔至少1公尺（3⅓呎），寬度足以讓你和愛犬並肩跑步。把竹竿放在重要的轉折點上，例如曲線的反折點或路徑的終點附近，在這些位置的頂端各放一塊零食。

如果你有使用口哨的習慣，先吹哨，並說出遊戲名稱「追上我」，然後再跟著狗狗一起緩步繞完全程，遊戲初期還是要幫牠繫上牽繩，收短，在竹竿標示處暫停一下，因為這屬於高難度區段，可以讓狗狗多待一會兒，同時你也要按下響片，偶爾讓牠有機會得以享用美食。要是愛犬尚未受過響片訓練，那整個程序更簡單，一遇到轉折點，牠就可以直接獲得地上的食物。採用這種方式加深狗狗印象，讓牠對場地布局和迂迴曲折的路線更有概念。

第一次試跑時，如果你有使用口哨，最好以哨聲作為遊戲開始的信號。一路跟著愛犬沿著克難式路跑場地迂迴前進，藉此刺激動物與生俱來的競爭感，讓牠清楚感受比賽的臨場感。要是狗狗曾受過響片訓練，在沒有食物輔助的前提下，可以利用響片聲提醒牠整個賽程比較難突破的區段。

等你和愛犬做足了準備工作之後，再請一位親友協助計時、

吹哨。

　　測試看看當你跟著愛犬一路衝刺，牠究竟需要花多少時間才能突破層層障礙。至於競賽過程中，是否需要以牽繩導引，則完全依照狗狗的經驗而定。此外，也可以請其他親友幫忙，不管是假扮其他參賽選手或觀眾都可以；如果在每次比賽的終點都有一群人搖旗吶喊，相信整個過程會更精采！當比賽告一段落之後，務必要讓狗狗有喘息的機會，尤其是萬里無雲的大熱天，附近又沒有適當的遮蔭，務必要特別當心。

棒球遊戲

盜壘者的全壘打

藉由這個遊戲，你可以在自家附近的小公園創造愛犬專屬的狗狗世界大賽，除了鼓勵愛犬接球之外，也要咬緊球棒，把球打擊出去，為自己贏得美味的食物獎賞。

遊戲需求

- 在公園可取得的枝條或石塊
- 幾位親友
- 比較耐操耐咬的球
- 對愛犬健康無虞的零食
- 棒球或壘球棒
- 額外需求（沒有也無妨）：訓練用口哨、響片

遊戲步驟

利用公園現有素材，像是樹枝或石塊，排成鑽石型作為四個壘包的標記，看起來就像小型棒球場一樣，也就是所謂的英式的圓場棒球（Rounders）。組成兩隊，每隊至少兩人，一隊負責打擊，另一隊負責投球或守備，如果有多出來的選手，就安排在打擊手後方接球。

在正式展開比賽之前，先丟球，再鼓勵狗狗追球、把球撿回來，一旦牠順利返回，將球交給守備的野手，就能獲得零食獎品。遊戲期間可藉由口哨輔助，提升狗狗的尋回和召回反應；此外，最好多利用響片的正向回饋，降低食物獎品的用量。

剛開始先以練習賽暖場，狗狗屬於守備的一方，當球打擊出去，野手直接對狗狗下達尋回指令，打擊者則繞著壘包跑，最後再返回本壘。只要球被攔截下來，野手要跑到本壘壘包，鼓勵狗狗返回自己身邊。

如果愛犬順利將球交給野手，就能獲得零食或響片聲回饋；要是牠搶在跑壘者之前先踩上本壘或展現美技接到飛球，打擊者就算出局，守備的一方必須好好地犒賞狗狗，並給牠一份特殊的零食獎品。千萬別太在意正式圓場棒球賽的規則，放輕鬆一點，和親友、愛犬一起呼吸著戶外的新鮮空氣，好好享受打擊的樂趣吧！

出發！

愛犬和飼主的大挑戰

藉由這個遊戲可以測試人類和狗狗這兩種玩家，各自需要花多久的時間，才能完成一連串簡單的任務。當狗狗已經學會遊戲的玩法之後，究竟是誰會在這場競速爭戰中取得最後的勝利？

遊戲需求

- 在公園可取得的枝條或石塊
- 對愛犬健康無虞的零食
- 籃子
- 各式各樣的狗狗玩具
- 跳繩、球、鐵環、骰子等
- 幾張空白的卡片和筆
- 三個裝卡片的容器，像是帽子或箱子
- 幾位親友
- 額外需求（沒有也無妨）：訓練用口哨、響片、碼表

遊戲步驟

這個遊戲非常適合在公園野餐時進行，地方夠寬廣、時間也很充裕；準備一些樹枝和石塊，分別標示起點和東西南北四個方位，並在每個地點放一些狗狗最愛的零食。

此外，在起點處放一個籃子，裝滿狗狗的玩具，像拼布玩具、網球、橡膠圈等，同時把訓練口哨（如果有使用的話），甚至連跳繩、球、鐵環、骰子也一併放進去。

在一組卡片上寫下參與遊戲的親友玩家必須完成的任務，建議如下：

- 連續跳繩至少十下，中間不能有任何失誤。
- 排成一排，用膝蓋頂球至少四次，期間球不能掉到地上。
- 在地上立一根樹枝或竿子，拋擲鐵環，套住竿子。
- 擲骰子，至少要出現五或六。

另一組卡片上，列出狗狗的玩具種類，例如拼布玩具、網球、橡膠圈等。

至於第三組卡片，則寫下東西南北四個方位。再將三組卡片分別放在不同的容器中。

幫愛犬繫上牽繩之後，隨機從容器中各抽出一張卡片：一張給玩家、一張給狗狗、另一張則標示方位。

告知首位參賽者他必須完成的任務和地點，等你發出開始的信號時，同時也要宣布遊戲名稱「出發」，緊接著玩家必須衝到起點，拿出籃子裡面自己所需的物件，然後再跑到指定地點完成任務，像是連續跳繩十下、中間不能停頓，做完之後再返回起點，把東西放回籃子裡，如果裡面有放口哨的話，就先吹哨，將狗狗的牽繩解開，並口頭召喚牠過來。

幫狗狗加油，鼓勵牠朝玩家的方向跑，等牠到達籃子邊，再把指定的玩具交給牠。狗狗必須帶著玩具跟玩家一起跑到指定的方位，以獲取自己最愛的零食。然後玩家再將玩具放回籃子，和狗狗一起返回起點，緊接著再由下一位玩家上場。

與時間賽跑

準備碼表計時會讓整個遊戲更刺激；此外，也可以稍微調整遊戲內容，規定每個小組必須達成指定的三項任務，在彼此競爭的壓力下，這樣才會增添遊戲的趣味性，看誰能在最短的時間內，突破挑戰，贏得最後勝利！

為特殊犬種
量身打造的遊戲

捲進來

追逐捕獵

牛仔和忠實的獵犬似乎是永遠的最佳拍檔！如果愛犬熱愛追逐風中飄散的落葉，或許你可以藉由一條套索和一些美味的佳餚，讓你和牠的生活更加精采！

遊戲需求

- 肉條或磨牙棒
- 軟繩
- 提袋或背包（如果是遛狗時要玩這個遊戲的話）
- 額外需求（沒有也無妨）：訓練用口哨、響片、皮製的或花園用手套

遊戲步驟

這個遊戲非常適合視覺獵犬，像是靈緹犬（Greyhound）、惠比特犬（Whippet）等，甚至其他喜歡追逐的犬種也會很喜歡。如果愛犬很好動，外出散步期間，一看到會移動的物件，便迫不及待地飛奔而去，或許可藉由這個遊戲導正牠偏差的行為；儘管作用機制類似，但整個過程卻完全掌控在飼主手上。然而要玩這個遊戲還是有個先決條件，你的體能要保持最佳狀態，跑得夠快，讓愛犬能追著你跑。

在軟繩的一端綁一個肉條或磨牙棒，如果你想帶狗狗外出散步，可以把軟繩盤起來，藏在提袋或背包裡。以口頭召喚或哨聲召回愛犬，讓牠看看被固定在繩子上、即將到口的美味零食（如果你打算在遛狗時進行這個遊戲，記得要先進行上述步驟）。在遊戲過程中，因為雙手必須抓著繩子來回拉動，可能因此而摩擦受傷，所以最好在事前戴上手套做好保護措施。

朝反向投擲一小塊肉乾，那個地方就是遊戲的起點，讓狗狗追出去、找到自己的獎品。等牠享用完美食，再從遠處召喚愛犬，把繩子吊掛肉乾的一端垂在地上，接著開始往外跑，同時鼓勵牠追著你跑。

當狗狗正要追上之際，用拋擲套索的方式，盡可能把繩子往外丟。一旦狗狗趕上那塊充滿誘惑的零食，你也要盡速拉回繩子。等愛犬終於把肉塊塞到自己的口中，記得要好好恭喜牠，終於順利完成一項艱鉅的任務！

搜索和尋回

槍獵犬的訓練玩具

對於獵犬（Spaniel）、拉不拉多（Labrador）、尋回犬（Retriever）、雪達犬（Setter）、指示犬（Pointer）這類型的工作犬，想要磨練牠們與生俱來的尋回技巧，或許可以藉由訓練用啞鈴或假娃娃這些輔助工具提升學習成效。

遊戲需求

- 訓練用啞鈴或假娃娃，大小要依據愛犬的體型而定
- 對愛犬健康無虞的零食
- 額外需求（沒有也無妨）：訓練用口哨、響片

遊戲步驟

大多數的槍獵犬（Gundog）天生就是尋回好手，特別是那些直接由仍在服勤的工作犬育種而來的子代，牠們具有強烈的工作欲望，如果無法滿足其探查、尋回、遞送的天性，很容易產生挫敗感。要是能在遊戲中藉由訓練用啞鈴或假娃娃作為尋回標的物，讓愛犬有機會一展所長，輕輕鬆鬆就能解決這個問題。這類型的尋回遊戲，不只能讓狗狗受惠，飼主也會因此獲得不少樂趣。

在還沒正式展開遊戲之前，最好在自家庭園多練習幾次，讓愛犬瞭解整個遊戲的需求。拿出啞鈴或假娃娃，對狗狗下達「坐下」的指令，請牠用嘴巴咬住標的物，接著再下達「給我」的指令。一旦狗狗遵照你的要求，隨即按下響片，並以口頭讚美和食物獎勵牠的表現。一再重複相同的步驟。

等狗狗熟悉上述流程之後，再將啞鈴或假娃娃拋出去，距離不用太遠，並下達「找出來」的指令，當牠成功叼起標的物，你要清楚地說出「運送」這個字眼，並召喚狗狗回到你身邊，如果你有使用口哨的習慣，記得要吹哨強化狗狗的召回反應。當愛犬返回之後，再次下達「坐下」的指令，並要求牠把標的物交給你；只要愛犬成功達成任務，隨即按下響片或以口頭讚美、食物等方式作為獎勵。有些狗狗對於尋回遊戲並沒有那麼熱中，然而某些特定的犬種卻好像罹患尋回症候群一樣，如果飼主沒有馬上把玩具再次拋擲出

去，牠會渾身不對勁，坐立難安；當狗狗在運送標的物期間，要是能靈活運用響片機制，就能大幅降低牠對玩具的占有欲。盡量避免主動伸手要愛犬口中的啞鈴或假娃娃，最好以鼓勵的方式，讓牠主動把標的物交到你手上。

當愛犬已經完全瞭解自己在遊戲中扮演的角色，接下來你就可以在遛狗時隨身攜帶尋回玩具。

這是最簡單的遊戲之一，只要把啞鈴或假娃娃丟出去，接下來就等著看牠找出、尋回、運送，順利達成狗狗快遞的任務！

訓練訣竅

如果愛犬沒有完成使命，把標的物甩開或在你身邊手舞足蹈，或許你可以選擇靠著牆或柵欄進行這個遊戲。

要是牠想要捉弄你，口中叼著玩具，卻待在遠方遲遲不肯返回你身邊，你可以直接走開不理牠。就算你需要走一段相當的距離，不過你還是不能對愛犬示弱，你才是老大，當然要維持領導者的風範！一旦狗狗瞭解整個流程，你和牠都將會沉浸在其中，牠也能藉機發揮自己與生俱來的本能。

此外，只要稍微調整遊戲步驟，將訓練用啞鈴或假娃娃藏起來，就能藉此磨練愛犬的搜尋技巧。若家中寶貝很喜歡游泳，或許也能把濕地或水域納入遊戲場地，利用一些防水假娃娃，讓牠得以享受玩水的樂趣！

彈弓

狗狗專屬洲際飛彈

這個遊戲非常適合動作敏捷的長腿犬種，藉此燃燒過剩的精力。捲起袖子，和愛犬一起同樂，相信你對於下一次的遛狗行程，一定非常期待！

遊戲需求

- 彈弓
- 球狀的尋回標的物
- 對愛犬健康無虞的零食
- 額外需求（沒有也無妨）：訓練用口哨、響片

遊戲步驟

這個遊戲非常適合薩路基犬（Salukis）、瞪羚獵犬（Gazelle Hound）、蘇俄牧羊犬（Borzoi）等犬種，但牧羊犬（Collie）、尋回犬（Retriever）、獵犬（Spaniel）也很喜歡類似的訓練課程。這些狗狗很喜歡沉浸在追球的喜悅當中，而為了滿足你家長腿寶貝自由奔馳的欲望，你必須用力把球投擲到遠方，但如果沒有其他輔助工具，頂多投個幾次，你的手就會面臨「殘廢」的危機。然而這個問題很容易解決，只要準備一個彈弓（可購自運動用品店），甚至自己動手做一個，讓你有機會重溫孩提時的快樂時光。

一旦有了發射器，再準備兩個狗狗的新玩具，作為狗狗的尋回標的物，只不過因為這個遊戲需要以彈弓彈射，讓標的物像劃過天際的洲際飛彈，所以最好選用質地堅固的硬橡膠球，或其他適合彈射的狗狗玩具，不管是寵物用品店或網路都有很多適合的商品可供選購。

用狗狗的零食輕輕擦過新玩具，讓標的物充滿食物香味，然後再將這些新玩意兒拿給牠看一看，用彈弓把其中之一彈射出去，距離不用太遠。當愛犬定位出正確的地點，並順利叼起標的物，記得要吹哨並按下響片（如果你有使用這些輔助工具的話），不然就要以口頭讚美的方式鼓勵牠把玩具交到你手上；一旦玩具到手之後，務必要收好。

緊接著再發射第二個玩具，距離稍微遠一點，只要愛犬成功將標

的物送回來，就給牠一塊零食作為答謝；採用這種方式激發狗狗追逐和尋回的意願。每個玩具至少發射2至3次，等玩夠了之後，再宣布：「遊戲結束！」並按照既定遛狗行程繼續往前走。狗狗的特質各有千秋，長腿犬種可能一下子就運動過度，至於非尋回犬就很難耐住性子，全神貫注在尋回標的物上。為了保持彈弓遊戲的新鮮感，最好把相關物件都收到狗狗拿不到的地方。

藏起來的寶物

專為喜歡挖洞的愛犬量身打造

狗狗是天生的挖掘好手，尤其是梗犬（Terrier）只要一遇到鬆軟的土壤，就會非常興奮，開始到處亂挖，趁機發揮與生俱來的潛能，為自己創造一個舒適的洞穴，安安穩穩地窩在裡面。

遊戲需求

- 尚未烹煮過的豬骨或隱藏式磨牙玩具
- 高麗菜最外層的大片菜葉
- 狗用柵欄或牽繩
- 額外需求（沒有也無妨）：訓練用口哨、響片、挖東西的用具

遊戲步驟

儘管愛犬擁有堅硬銳利的腳爪，卻很難派得上用場。你可能已經注意到，牠曾在家中其他地方使用這些「武器」，為了拉出掉在沙發下的玩具而到處亂抓亂刮，或在花壇中挖出一個個大洞。這個遊戲不管在花園或遛狗途中都很適合，讓愛犬得以發揮挖掘的本能。梗犬是有名的大逃亡型犬種，愛死了挖掘活動，但事實上幾乎每隻狗狗內心都擁有相同的渴望，只不過強度有別，多數狗狗想歸想，還不足以驅動牠們將想法付諸行動。

首先，拿一塊尚未烹煮過的豬骨或隱藏式磨牙玩具給狗狗看，用一些高麗菜外層的大片菜葉包起來，用柵欄或牽繩暫時限制狗狗的活動範圍，讓牠乖乖待在後門，只能看著你把「寶藏」藏在細沙或鬆軟的泥土下；有需要的話，可以準備一支圓鍬。一切就緒之後，再放出狗狗，接下來你就可以坐在花園，好好觀賞牠挖寶的演出。

如果住家附近就有砂地或鬆軟的泥土層，或許可以將這個遊戲納入愛犬日常活動的一環。要是你有這個打算，最好預先勘查一下，看附近是否有其他狗狗或野生動物挖掘過的痕跡。為了滿足愛犬的欲望，甚至可以試著在自家庭院開闢一處沙坑／沙丘，不過當然還是要以環境衛生為優先考量，在平常一定要用覆蓋物蓋住沙坑／沙丘，避免愛犬或其他動物（野鳥）在裡面亂挖或上廁所，影響愛犬的健康。

口哨和尋找

看著愛犬仔細聆聽並展開搜索之旅！

訓練口哨對於聰慧的牧羊犬非常適合，尤其是牧羊犬（Collie）、德國狼犬（German Shepherd）、柯基犬（Corgis）。

遊戲需求

- 訓練用口哨
- 磨牙棒或幾塊肉片
- 對愛犬健康無虞的零食
- 額外需求（沒有也無妨）：響片，一位親友

遊戲步驟

牧羊犬對聲音信號的反應熱烈，極熱愛口哨訓練。在遊戲正式轉移陣地到外出散步或旅遊的地點之前，最好先在自家花園演練一下，因為這是愛犬的領域範圍，學習效果比較明顯。

對狗狗下達「坐下」以及「等待」的指令（如果狗狗曾受過響片訓練，一旦牠做出正確回應，就要以響片聲作為正向回饋）。若愛犬不曾受過基本訓練，可以請親友幫忙緊握牽繩，讓牠維持坐姿。吹一聲短哨，把一支磨牙棒或一塊肉片往外拋，距你站的地方大約 1 公尺左右（3⅓ 呎）；然後再下達「找出來」的指令，若狗狗有繫牽繩，請親友先把繩子解開。

用左手或右手大致指出食物投擲的方向，如果狗狗朝正確的方向前進，再以短哨信號作為提醒。

當愛犬找出標的物之後，吹哨兩次，並呼叫牠的名字。只要狗狗成功返回你身邊，務必要以響片聲和零食嘉獎牠的表現。然後再由親友呼叫愛犬的名字（如果牠順從地做出正確反應，再次按下響片並奉上零食），或直接把牠帶回起點的位置，並下達「坐下」和「等待」的指令（兩個動作都要分別以響片聲作為回饋）。

重複上述步驟，每一回合至少要做 3 到 4 次。當愛犬已經熟悉這些指令之後，再將遊戲場景轉移到戶外散步的地點；靜候適當時機，等牠四處嗅聞探索之際，將磨牙棒或肉片往外拋擲，然後吹哨一次作為示警；一旦愛犬開始展開搜尋任務，你可以用短哨聲或手部動作指引方向。

兔毛包裹

愛犬可以找到小兔子嗎？

愛爾蘭獵狼犬（Irish Wolf Hound）、勒車犬（Lurcher）、邊境牧羊犬和靈緹犬混種（Collie-Greyhound Crossbreed），這些瘦長型的長腿犬種最喜歡追逐野兔，基於這種特性，就能輕易地把牠們旺盛的精力導入遊戲中。

遊戲需求

- 一些稍微烹煮過的豬肉
- 幾塊天然的動物皮毛（羚羊、羊毛），大概盤子的大小、非尼龍製細繩
- 一段軟繩
- 提袋或帆布背包
- 對愛犬健康無虞的零食
- 額外需求（沒有也無妨）：訓練用口哨、響片

遊戲步驟

數百年來喜歡追捕的犬種一路跟著獵人和盜獵者，一展與生俱來的潛能，極盡所能追逐視野範圍內移動的獵物。

在外出散步之前，拿出幾塊肉片，用微波爐或平底鍋稍微煮一下，維持不太熟的狀態，用一些動物毛皮把肉片包成幾個包裹。務必要讓愛犬全程觀看前置作業的準備工作，激發牠的好奇心和參與感。用細繩固定包裹，不要綁太緊，但一定要牢靠，最後一個固定蝴蝶結最好能一下子就解開。每個包裹上面，還要另外綁一條繩子，大約2-3公尺（6½-10呎），另外再加上一小段長度，足以讓繩子綁在你的腰部；接著再把包裹放到外出散步隨身攜帶的提袋裡面。

讓狗狗往前奔馳，然後你再拿出包裹，把繩子綁在腰部或手腕上；如果你有使用口哨的話，先以口哨示警，接著往外跑，就像後面拉著一隻兔子一樣。

當愛犬趕上來，口中咬住包裹，你就要停下來，並下達「放開」的指令；一旦牠順從地做出正確回應，再拿出幾塊零食作為獎勵。把包裹拆下來，留點時間讓狗狗和包裹奮戰，看牠是否能順利獲得自己的肉質獎品（只要狗狗一解開包裹，你最好先把繩子拿開，避免牠誤食）。接著你再往前走，直到狗狗跟上你的腳步，在前頭到處嗅聞探索，然後再一次重複上述步驟。

家人的名字

記得每位家人的稱呼

既然你都記得家人的名稱，那愛犬是否也應該比照辦理呢？先讓牠記得每個名字的發音，再將整個訓練過程作為這個遊戲的基礎。

遊戲需求

- 對愛犬健康無虞的零食
- 幾位家庭成員
- 額外需求（沒有也無妨）：訓練用口哨、響片

遊戲步驟

各種牧羊犬，包含澳洲牧羊犬/牧牛犬（Australian Shepherd/Cattle Dog）、荷蘭牧羊犬（Dutch Shepherd）、邊境牧羊犬（Border Collie）、短毛/粗毛牧羊犬（Smooth/Rough Collie）（還記得靈犬萊西嗎？）以及喜樂蒂牧羊犬（Shetland Sheepdog），擁有非常發達的聲音連結能力，而其他犬種也是一樣，只要在訓練初期多付出一點耐心，所有狗狗都能學會口哨或其他聲音所代表的指令。

為了讓遊戲更為盡興，剛開始最好將所有步驟拆解成不同階段，這樣狗狗才能慢慢吸收所有資訊。如果可以的話，每一回合的時間可以短一點，讓愛犬有足夠時間消化吸收，逐漸記憶各個家庭成員名字的發音。如果牠曾受過響片訓練（請參閱10-11頁），絕對能大幅提升學習進度。此外，早期訓練可以在自家庭園舉行，等到狗狗比較熟悉之後，再將場地轉移到平常遛狗的戶外開放空間。

遊戲初期，只需要邀請一位家庭成員參與，你和他都要各拿一個響片（如果狗狗曾受過響片訓練的話），並且準備一些零食，你們之間距離5-10公尺（16-33呎）。請狗狗先坐在你身邊或用牽繩限制牠的行動範圍，對著牠清楚而緩慢地說出另一位家庭成員的名字，按下響片或以口頭讚美和零食作為正向回饋（讓牠產生正面連結），然後再解開牽繩。

對方接著必須下達「過來」的指令，重複自己的名字，臉上稍微露出一些表情（不要太過刻意）。

當狗狗逐漸接近時，再按下響片或給予口頭獎勵「好孩子」（Good Boy）；一旦狗狗來到身邊，他必須再次按下響片或以口頭讚美和食物作為正向回饋。

反過來，這次輪到對方說出你的名字，而你必須對狗狗下達「過來」的指令，並重複自己的名字，稍微作出一點表情。一再反覆上述步驟，逐漸省略「過來」這個字眼，把指令縮減成名字而已。

遊戲每小節至少要間隔 1 小時，每天不超過 2 小節，然後再請另一位家庭成員參與，不過你還是要全程參與。惟有狗狗非常熟悉玩家名字的發聲，只要說出其中一人的名字，牠就能準確做出回應，之後才能進入下一階段。現階段愛犬已經學會了三個名字，你們可以各據一方，欣賞牠的演出，看狗狗是否能聽到特定的名字發聲，接著就走向相對應的玩家。

狗狗急行軍

專為嗅覺靈敏的愛犬量身打造

如果愛犬擁有尋血獵犬的血統，那這個遊戲正是為牠量身打造的；只要牠鎖定你刻意留下的味道，就能一路跟隨零食，順利走完全程。

遊戲需求

- 大型罐子或廣口瓶，裡面裝一些稀釋的天然肉汁，利用新鮮的肉塊或內臟切片時留下的汁液製作即可
- 紅肉條
- 高麗菜最外層的大片菜葉
- 非尼龍製繫繩
- 對愛犬健康無虞的零食
- 提袋或帆布背包
- 一位親友
- 一塊棉布
- 額外需求（沒有也無妨）：訓練用口哨、響片

遊戲步驟

幾乎所有狗狗都具有非常敏銳的嗅覺感官，而這個遊戲尤其適合善於追蹤的犬種，包含巴吉度（Basset Hound）、米格魯（Beagle）、尋血獵犬（Blood Hound）、獵浣熊犬（Coon Hound）、獵鹿犬（Deer Hound）、獵狐犬（Fox Hound）、漢彌爾頓斯道瓦獵犬（Hamiltonstovare）、漢娜威山地獵犬（Hanoverian Mountain Hound）、普羅特獵犬（Plott Hound）西班牙獵犬（Spanish Hound）。如果家中寶貝屬於追蹤型犬種，外出散步時，路上只要有什麼東西留下特殊的味道，一旦被牠鎖定，就會不由自主地用鼻子到處嗅聞一路搜索。這個遊戲正能讓愛犬發揮所長，考驗牠追蹤搜尋的能力。

在正式展開遊戲之前，必須準備一瓶肉汁，不需要特別費心，只要收集家中烹煮肉類的湯汁即可。等你差不多要出門了，用幾片高麗菜最外層的菜葉包裹一塊紅肉條，用細繩固定，不要綁太緊。此外，還要拿一把狗狗的零食，把這些東西都放在提袋或帆布包裡面。

在剛開始遛狗的時候，幫愛犬繫上牽繩，請一位親友幫忙拉住

牠，待在預先安排好的起點。你再拿出棉布伸進瓶子裡，沾一點肉汁，在起點的位置抹一抹，並且放一塊零食，以激發狗狗的欲望。

重複上述步驟，每10公尺（33呎），就抹一點肉汁、放一塊零食；可以選一些比較不一樣的地點，像是樹叢周圍或其他天然的障礙物等，挑戰狗狗嗅覺的極限。如果遇到分岔路，就要將線索標記的間距縮小，大約1公尺左右（3⅓呎），要是家中寶貝不是善於追蹤的獵犬，當然要稍微放水一下。在味道軌跡的終點，把肉條包裹放在適當的位置，最好藏在草叢、落在地上的枝條邊或灌木叢裡面。

一切就緒之後，你再返回起點，幫狗狗解開牽繩，也可以請親友幫忙，等你發出預先安排好的信號或在預定的時間點，由他直接放開狗狗；接下來你們就能好好觀賞愛犬的演出！一旦狗狗找到食物包裹之後，當牠迫不及待地解下細繩，你千萬要趕快拿開繩子，以避免牠誤食。

水上追逐戰

走在四濺的水花上

這個遊戲對於熱愛水上活動的犬種特別適合，像是獵犬（Spaniel）、拉不拉多（Labrador）、尋回犬（Retriever）等。這些犬種天生就具備一層防水毛皮，如果散步途中，完全沒接觸到水，腳掌也沒濕，那根本無法滿足牠內心最深層的渴望！

遊戲需求

- 狗狗專用防水玩具或訓練用假娃娃
- 對愛犬健康無虞的零食
- 舊毛巾
- 一位親友
- 額外需求（沒有也無妨）：訓練用口哨、響片

遊戲步驟

當你知道這次遛狗途中，愛犬有下水的機會，或許可以把這個遊戲也一併納入，讓整個過程更精采！你只需準備一個狗狗的防水玩具或訓練用假娃娃，以及一些對愛犬健康無虞的零食，再加上一條幫狗狗擦拭的舊毛巾，就可以出發了！

耐心等待適當時機，當狗狗在小溪或河流的淺水處磨練打水的技巧之際，請一位親友隨身攜帶一把零食，越過河床到對岸預作準備。然後再由你吹哨引起狗狗注意，讓牠知道遊戲即將展開。

把狗狗的玩具拿出來，拋給對岸的幫手，請他召喚狗狗過去；一旦狗狗離開水面，對方必須把東西丟回你這裡，由你用口頭或吹哨的方式召喚牠過來領取食物獎品。當愛犬在水中來回穿梭幾次之後，再將玩具或訓練用假娃娃拋給牠，讓牠好好玩一陣子。等遊戲結束之後，記得要用毛巾幫牠擦乾。

愛犬的聰明遊戲書
Smart Games, Happy Dogs

作　者　大衛 · 桑德斯博士（Dr. David Sands）
譯　者　陳印純

發 行 人　林敬彬
主　編　楊安瑜
編　輯　李彥蓉

內頁編排　帛格有限公司
封面設計　帛格有限公司

出　版　大都會文化事業有限公司　行政院新聞局北市業字第 89 號
發　行　大都會文化事業有限公司
11051 台北市信義區基隆路一段 432 號 4 樓之 9
讀者服務專線：（02）27235216
讀者服務傳真：（02）27235220
電子郵件信箱：metro@ms21.hinet.net
網　　址：www.metrobook.com.tw

郵政劃撥　14050529 大都會文化事業有限公司
出版日期　2010 年 12 月初版一刷
定　價　250 元

ISBN　978-986-6152-05-4
書　號　Pets-021

Metropolitan Culture Enterprise Co., Ltd.
4F-9, Double Hero Bldg., 432, Keelung Rd., Sec. 1,
Taipei 11051, Taiwan
Tel:+886-2-2723-5216　Fax:+886-2-2723-5220
Web-site:www.metrobook.com.tw
E-mail:metro@ms21.hinet.net

First published in 2009 under the title Games to play with your dog
by Hamlyn, part of Octopus Publishing Group Ltd.
2-4 Heron Quays, Docklands, London E14 4JP

國家圖書館出版品預行編目資料

愛犬的聰明遊戲書 / 大衛 . 桑德斯 (David Sands) 著 ; 陳印純譯 . -- 初版 . -- 臺北市 : 大都會文化 , 2010.12
面 ; 公分 . -- (Pets ; 21)
ISBN 978-986-6152-05-4(平裝)

1. 犬訓練 2. 遊戲

437.354　　99022221

愛犬的聰明遊戲書
Smart Games, Happy Dogs

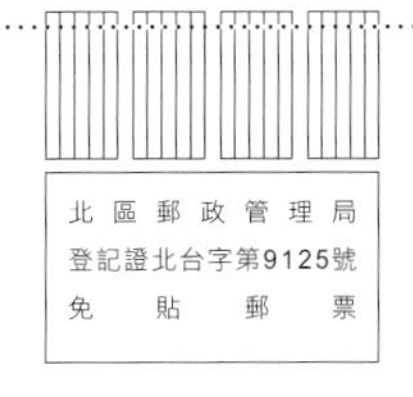

大都會文化事業有限公司
讀　者　服　務　部　　　收
11051台北市基隆路一段432號4樓之9

寄回這張服務卡〔免貼郵票〕
您可以：
◎不定期收到最新出版訊息
◎參加各項回饋優惠活動

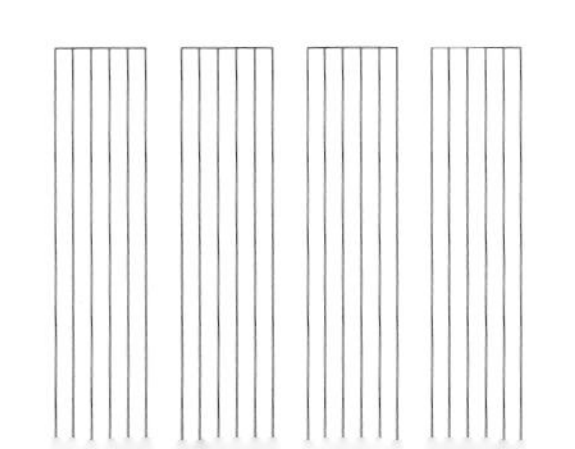

大都會文化 讀者服務卡

書名：**愛犬的聰明遊戲書**——Smart Games, Happy Dogs

謝謝您選擇了這本書！期待您的支持與建議，讓我們能有更多聯繫與互動的機會。

A. 您在何時購得本書：______年______月______日

B. 您在何處購得本書：____________書店，位於____________(市、縣)

C. 您從哪裡得知本書的消息：

1.□書店　2.□報章雜誌　3.□電台活動　4.□網路資訊

5.□書籤宣傳品等　6.□親友介紹　7.□書評　8.□其他

D. 您購買本書的動機：（可複選）

1.□對主題或內容感興趣　2.□工作需要　3.□生活需要

4.□自我進修　5.□內容為流行熱門話題　6.□其他

E. 您最喜歡本書的：（可複選）

1.□內容題材　2.□字體大小　3.□翻譯文筆　4.□封面　5.□編排方式　6.□其他

F. 您認為本書的封面：1.□非常出色　2.□普通　3.□毫不起眼　4.□其他

G. 您認為本書的編排：1.□非常出色　2.□普通　3.□毫不起眼　4.□其他

H. 您通常以哪些方式購書：(可複選)

1.□逛書店　2.□書展　3.□劃撥郵購　4.□團體訂購　5.□網路購書　6.□其他

I. 您希望我們出版哪類書籍：（可複選）

1.□旅遊　2.□流行文化　3.□生活休閒　4.□美容保養　5.□散文小品

6.□科學新知　7.□藝術音樂　8.□致富理財　9.□工商企管　10.□科幻推理

11.□史哲類　12.□勵志傳記　13.□電影小說　14.□語言學習（_____語）

15.□幽默諧趣　16.□其他

J. 您對本書(系)的建議：

____

K. 您對本出版社的建議：

____

讀者小檔案

姓名：______________ 性別：□男 □女　生日：____年____月____日

年齡：□20歲以下 □21～30歲 □31～40歲 □41～50歲 □51歲以上

職業：1.□學生 2.□軍公教 3.□大眾傳播 4.□服務業 5.□金融業 6.□製造業

7.□資訊業 8.□自由業 9.□家管 10.□退休 11.□其他

學歷：□國小或以下 □國中 □高中／高職 □大學／大專 □研究所以上

通訊地址：______________________________

電話：（H）______________（O）______________ 傳真：______________

行動電話：______________ E-Mail：______________

◎謝謝您購買本書，也歡迎您加入我們的會員，請上大都會文化網站 www.metrobook.com.tw 登錄您的資料。您將不定期收到最新圖書優惠資訊和電子報。